教育部高等学校计算机类专业教学指导委员会
教育部高等学校软件工程专业教学指导委员会
教育部高等学校大学计算机课程教学指导委员会　　联合组成
教育部高等学校文科计算机基础教学指导分委员会
中 国 青 少 年 新 媒 体 协 会
中国大学生计算机设计大赛组织委员会　　　　主办

中国大学生计算机设计大赛
2018年参赛指南

中国大学生计算机设计大赛组织委员会　编

中国铁道出版社
CHINA RAILWAY PUBLISHING HOUSE

内 容 简 介

2018 年（第 11 届）中国大学生计算机设计大赛（以下简称"大赛"）是由教育部高等学校计算机类专业教学指导委员会、教育部高等学校软件工程专业教学指导委员会、教育部高等学校大学计算机课程教学指导委员会、教育部高等学校文科计算机基础教学指导分委员会、中国青少年新媒体协会联合组成的中国大学生计算机设计大赛组织委员会主办的面向全国高校在校本科学生的非营利的、公益性、科技型的群众性活动。

大赛的目的在于落实高等学校创新能力提升计划，提高学生运用信息技术解决实际问题（为就业及专业服务所需要）的综合能力，以培养德智体美全面发展、具有团队合作意识、创新创业能力的综合型、应用型的人才。大赛将本着公开、公平、公正的原则面对每一件作品。

本书共分 11 章，内容包括：2018 年大赛通知，大赛章程，大赛组委会，大赛内容与分类，赛事级别、作品上推比例与参赛条件，国赛的申办、时间、地点与内容，参赛事项，奖项设置，作品评比与评比专家规范，获奖作品的研讨，以及 2017 年获奖概况与 2017 年获奖作品选登。

本书有助于规范参赛作品和提高大赛作品质量，对参赛院校、师生从事计算机技术应用与多媒体设计教学，都有重要的价值。

图书在版编目（CIP）数据

中国大学生计算机设计大赛 2018 年参赛指南／中国大学生计算机设计大赛组织委员会编 .— 北京：中国铁道出版社，2018.3

ISBN 978-7-113-24309-8

Ⅰ.①中… Ⅱ.①中… Ⅲ.①大学生 - 电子计算机 - 设计 - 竞赛 - 中国 -2018- 指南 Ⅳ.① TP302-62

中国版本图书馆 CIP 数据核字（2018）第 038835 号

书　　名：中国大学生计算机设计大赛 2018 年参赛指南
作　　者：中国大学生计算机设计大赛组织委员会　编

策　　划：周　欣　　　　　　　　　　读者热线：（010）63550836
责任编辑：陆慧萍　徐盼欣
封面设计：刘　颖
责任校对：绳　超
责任印制：郭向伟

出版发行：中国铁道出版社（100054，北京市西城区右安门西街 8 号）
网　　址：http://www.tdpress.com/51eds/
印　　刷：虎彩印艺股份有限公司
版　　次：2018 年 3 月第 1 版　　2018 年 3 月第 1 次印刷
开　　本：787 mm×1 092 mm　1/16　印张：13.5　字数：325 千
书　　号：ISBN 978-7-113-24309-8
定　　价：68.00 元（附赠光盘）

前 言

    2018 年（第 11 届）中国大学生计算机设计大赛（以下简称"大赛"）是由教育部高等学校计算机类专业教学指导委员会、教育部高等学校软件工程专业教学指导委员会、教育部高等学校大学计算机课程教学指导委员会、教育部高等学校文科计算机基础教学指导分委员会、中国青少年新媒体协会联合组成的中国大学生计算机设计大赛组织委员会主办的、面向全国高校在校本科学生的、非营利性、公益性、科技型的群众性活动。

    大赛是计算机理论教学实践环节的组成部分，大赛的目的在于贯彻落实高等学校创新能力提升计划，进一步推动高校本科各专业面向 21 世纪的计算机教学的知识体系、课程体系、教学内容和教学方法的改革，引导学生踊跃参加课外科技活动，激发其学习计算机应用技术的兴趣和潜能，提高其运用信息技术解决实际问题，贴近学生就业需要，贴近专业的基本需要，以培养德智体美全面发展、具有团队合作意识、创新创业能力的复合型、应用型的人才。

    作品内容面向本科各专业学生的计算机技术应用，特别适合于本科学生的计算机技术应用能力的提高，是落实国办发〔2015〕36 号文件的举措之一，适合于高校大学计算机课程教学改革实践与人才培养模式探索的需求，为优秀人才脱颖而出创造条件，有效提高了学生的综合素质。同时，大赛本着公开、公平、公正的原则面对每一件作品。因此，大赛受到高校的重视与广大师生的欢迎。

    大赛赛事开始于 2008 年，至今已举办了 10 届 44 次赛事。目前我国大多数本科院校参加了这一赛事。在大赛组织过程中，广大教师做出了重要贡献，除了承办院校的赛务组织，有些院校还提供了有价值的建设性意见，各参赛学校在赛前培训辅导工作中则付出了艰辛的创造性劳动。

    2018 年大赛分设：软件应用与开发、微课与教学辅助、数字媒体（简称数媒）设计普通组、数媒设计专业组、数媒设计 1911 年前中华优秀传统文化元素、数媒设计中华民族服饰手工艺品建筑、数媒设计动漫游戏、软件服务外包、计算机音乐创作普通组、计算机音乐创作专业组，以及人工智能（中国大学生人工智能大赛或中国高校人工智能大赛）等类（组）。决赛现场时间开始于 2018 年 7 月 17 日，结束于 8 月 30

日，将先后在安徽、南京、福州、上海、杭州等地举办。

为了更好地指导 2018 年的大赛，在中国铁道出版社的积极支持下，组委会组编了《中国大学生计算机设计大赛 2018 年参赛指南》（简称《参赛指南》）。

本《参赛指南》的编写由大赛组委会秘书长卢湘鸿组织实施，参与意见或具体工作的主要有（排名不分先后）：杜小勇、尤晓东、周小明、郑莉、刘志敏、邓习峰、曹永存、王海燕、黄心渊、赵宏、王学颖、黄卫祖、吕英华、张欣、张洪瀚、陈志云、郑骏、龚沛曾、李骏扬、金莹、王海艳、吴卿、詹国华、潘瑞芳、孙中胜、杨勇、郭清溥、郑世珏、徐东平、彭小宁、匡松、卢虹冰、耿国华等。《参赛指南》共分 11 章，内容包括：2018 年大赛通知，大赛章程，大赛组委会，大赛内容与分类，赛事级别、作品上推比例与参赛条件，国赛的申办、时间、地点与内容，参赛事项，奖项设置，作品评比与评比专家规范，获奖作品的研讨，以及 2017 年获奖概况与 2017 年获奖作品选登等。

本《参赛指南》中第 11 章选登的 2017 年获奖作品部分包含素材源码，如有需要请读者访问中国铁道出版社教育资源数字化平台：http://training.tdpress.com/tdjy/ 注册下载。

相信本《参赛指南》的出版，对于参赛作品的规范和整个大赛作品质量的提高将起到积极的作用。本书是参赛院校，特别是参赛队指导教师的必备用书，也是参赛学生的重要参考资料。此外，本书也是从事计算机技术基本应用教学与多媒体艺术设计教学很好的参考用书。

对于本《参赛指南》中的问题，欢迎大家指正、建议。

中国大学生计算机设计大赛组织委员会
2017 年 12 月于北京

目 录

第1章
2018年大赛通知

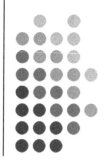

中国大学生
计算机设计大赛组织委员会函件

中大计赛函〔2017〕015号

关于举办"2018年（第11届）中国大学生计算机设计大赛"的

通　　知

各高等院校、省（区、市）级赛区、省级直报赛区：

中国大学生计算机设计大赛（简称"大赛"）是根据国家有关高等学校创新能力提升计划、进一步深化高校教学改革、加强计算机教学实践、运用信息技术解决实际问题的综合能力，为培养学生的创新创业能力与团队合作意识，造就更多的德智体美全面发展人才而开展的非营利性、公益性、科技型的群众活动。从2008年组赛开始，已举办了10届44次赛事，至今大多数本科院校参加了这一活动。为了更好贯彻落实国办发〔2015〕36号文件，我委决定继续主办这一赛事。2018年（第11届）大赛组委会由教育部高等学校计算机类专业教学指导委员会、软件工程专业教学指导委员会、大学计算机课程教学指导委员会、文科计算机基础教学指导分委员会、中国青少年新媒体协会联合组成。参赛对象是2018年在校的所有本科生。

2018年大赛内容分设11类：（1）软件应用与开发;（2）微课与教学辅助;（3）数字媒体设计（简称数媒设计）普通组;（4）数媒设计专业组;（5）数媒设计1911年前中华优秀传统文化元素;（6）数媒设计中华民族服饰手工艺品建筑;（7）数媒设计动漫游戏;（8）软件服务外包（医药组/企业组);（9）计算机音乐创作普通组;（10）计算机音乐创作专业组;（11）人工智能（中国大学生人工智能大赛，或中国高校人工智能大赛）。

数媒设计与计算机音乐创作参赛作品分普通组与专业组进行报名、评比。

数媒设计与数媒设计动漫游戏的参赛作品主题为：人工智能畅想。

数媒设计 1911 年前中华优秀传统文化元素设计的主题为：（1）世界级、国家级、省（区、市）等各级的自然遗产、文化遗产、名胜古迹；（2）先秦主要哲学流派（道、儒、墨、法等）；（3）以唐诗宋词为代表歌颂中华大好河山的诗、词、散文；（4）优秀的传统道德风尚；（5）音乐、舞蹈、戏剧、曲艺、国画、汉字、书法、技艺；（6）其他体现中华优秀传统文化底蕴、展现文化自信的作品。

软件服务外包类作品分为医药组命题与企业组命题。

2018 年（第 11 届）大赛作品内容分类详见附件 1。

2018 年决赛现场共 8 场：（1）数媒设计普通组，铜陵学院（安徽铜陵，7 月 17 日—21 日）；（2）数媒设计专业组，巢湖学院(合肥，7 月 22 日—26 日)；（3）微课与教学辅助，南京农业大学（南京，7 月 27 日—31 日）；（4）人工智能 / 数媒设计 1911 年前中华优秀传统文化元素，南京邮电大学（南京，8 月 1 日—5 日）；（5）数媒设计动漫游戏，福建农林大学（福州，8 月 6 日—10 日）；（6）软件应用与开发，东华大学（上海，8 月 16 日—20 日）；（7）软件服务外包 / 数媒设计中华民族服饰手工艺品建筑，浙江工商大学（杭州，8 月 21 日—25 日）；（8）计算机音乐（普通组 / 专业组），浙江音乐学院（杭州，8 月 26 日—30 日）。

请根据国办发〔2015〕36 号文件、"中国大学生计算机设计大赛章程"等相关要求，以及本校具体情况积极组织学生参赛，请各相关院校对指导教师的工作量及组队参赛的经费等方面给予大力的支持。

更多信息，将及时在官网上发布。

附件 1：大赛内容分类。

附件 2：大赛内容软件服务外包企业命题项目需求分析。

附件 3：大赛信息咨询联系人及电话。

附件 4：大赛简介。

大赛信息发布网站：http://www.jsjds.org 咨询信箱：baoming@jsjds.org

电话：010-62765117   手机：13696785218

中国大学生计算机设计大赛组织委员会

2017 年 12 月 28 日

北京市海淀区学院路 15 号综合楼 183 信箱

电话：010-82303436   邮编：100083

附件 1：

大赛内容分类（见第 4 章）

附件 2：

大赛内容软件服务外包企业命题项目需求分析（见第 4 章）

附件 3：

大赛信息咨询联系人及电话

（1）王学颖	大赛信息	18640575939
（2）褚宁琳	大赛信息	15651896188
（3）彭德巍	大赛信息	18971201441
（4）刘慧君	大赛信息	13668020601
（5）董卫军	大赛信息	18082286999
（6）李骏扬	人工智能	13357701017
（7）刘晓强	东华大学	13916356695
（8）王海艳	南京邮电大学	18951896302
（9）叶锡君	南京农业大学	18651600817
（10）韩培友	浙江工商大学	13666636960
（11）黄晓东	浙江音乐学院	13606804507
（12）张帅兵	巢湖学院	13856528979
（13）王　刚	铜陵学院	15056807509
（14）高　博	福建农林大学	15659770658

附件 4：

中国大学生计算机设计大赛简介

1. 大赛历史

"中国大学生计算机设计大赛"（下面简称"大赛"）的前身是"中国大学生（文科）计算机设计大赛"，始创于 2008 年，开始时参赛对象是当年在校文科类学生。从第 3 届开始，因得到理工类计算机教指委的参与，参赛对象发展到当年在校所有非计算机专业的本科生。至第 5 届，又因得到计算机类专业教指委的支持，参赛对象遍及当年在校所有专业的本科生，一直延续至今。"大赛"每年举办一次，决赛时间在当年 7 月 20 日前后开始，直至 8 月下旬，当年结束整个赛事。至今已举办 10 届 44 场次。

具体说来，2008 年与 2009 年两届由教育部高校文科计算机基础教指委单独主办；2010 年与 2011 年由教育部高校计算机基础课程教指委与教育部高校文科计算机基础教指委员会联合主办。2012 年开始由教育部高校计算机科学与技术教指委、教育部高校计算机基础课程教指委、教育部高校文科计算机基础教指委联合主办。这是大体格局。

2018 年（第 11 届）大赛由教育部高校计算机类专业教指委、教育部高校软件工程专业教指委、教育部高校大学计算机课程教指委、教育部高校文科计算机基础教指分委以及中国青少年新媒体协会联合主办。

大赛先后受到周远清（原教育部副部长、中国高等教育学会名誉会长）、陈国良（中科院院士、原相关计算机教指委领导）、李廉（原合肥工业大学党委书记、相关计算机教指委领导）、李晓明（原北京大学校长助理、原相关计算机教指委领导）、王路江（原北京语言大学党委书记、原相关计算机教指委领导）、李向农（华中师范大学副校长）、靳诺（中国人民大学党委书记）、李宇明（原北京语言大学党委书记）等领导、专家的肯定与支持，特别是周远清会长自始至今一直关注、支持、指导和帮助大赛，他们先后出席了相应大赛决赛的现场活动。

2. 大赛性质

（1）大赛始终以"三安全"（竞赛内容安全、经济安全、人身安全）为前提，内容遵循国家宪法、法律、法规；大赛委托承办学校依据国家财务规定主管经费，以保证经济上不出问题；大赛把参赛人员（包括选手、教练、评委，以及与大赛的志愿者等人员）的安全放在首位，以保证参赛人员的人身安全。

（2）大赛是非营利、公益性、科技型的群众性活动。大赛遵从的原则是公开、公平、公正对待每一件参赛作品。大赛章程完备，操作规范，自 2009 年开始，每年的参赛指南均正式出版，以接受社会的监督，这是我国内地所有 200 个左右面向大学生的竞赛中所罕见的。

3. 大赛目的

大赛是创新创业人才培养计算机教育实践平台的具体举措，目的是提高大学生综合素质，具体落实、进一步推动高校本科面向 21 世纪的计算机教学的知识体系、课程体系、教学内容和教学方法的改革，引导学生踊跃参加课外科技活动，激发学生学习计算机知识技能的兴趣和潜能，为培养德智体美全面发展、具有运用信息技术解决实际问题的综合实践能力、创新创业能力，以及团队合作意识的人才服务。宗旨是"三服务"，即作品的计算机设计技术主要是为学生社会就业需要服务、为本专业需要服务、为创新创业人才培养的需要服务。

4. 大赛对象、内容和方向

（1）大赛的参赛对象是当年本科所有专业的在校学生。

（2）大赛参赛内容为计算机应用技术，目前分设软件应用与开发、微课与教学辅助、数字媒体设计、数字媒体设计 1911 年前中华优秀传统文化元素、数字媒体设计中华民族服饰手工艺品建筑、数字媒体设计动漫游戏、软件服务外包类、计算机音乐创作类以及人工智能（中国大学生人工智能大赛或中国高校人工智能大赛）等领域，贴近社会就业与专业本身需要，为培养创新创业人才服务。其中计算机音乐创作类是我国唯一面向大学生的国字号的计算机音乐赛事。

（3）今后大赛的方向是进一步贯彻落实《国务院办公厅关于深化高等学校创新创业教育改革的实施意见》（国办发 [2015]36 号），在我国营造一个指导教师乐意参加，大学生所信任、欢迎、热爱、向往的大赛。

5. 大赛地位

（1）大赛组委会是参加讨论 2011 年教育部主持制定《全国性大学生竞赛管理办法》草案的 7 人小组的成员之一（7 人小组中教育部占 4 人，其中高教司 2 人，高教学会 2 人），即代表我国当时 160 多个全国性大学生竞赛组委会参加 7 人小组中的 3 位代表之一。

（2）大赛以三级竞赛形式开展，校级初赛—省级复赛—国级决赛，省级赛是由各省的计算机学会、省计算机教学研究会、省计算机教指委或省级教育行政部门出面主办的。由省级教育行政部门出面主办过的省级选拔赛的有天津、辽宁、吉林、黑龙江、上海、江苏、安徽、山东、湖南、广东、海南、云南、四川、甘肃、新疆。

（3）大赛作品贴切实际，有些直接由企业命题，与社会需要相结合，有利于学生动手能力的提升，有利于创新创业人才的培养。参赛院校逐年增多，由 2008 年（第 1 届）的 80 所院校，发展到大多数本科院校参赛；参赛作品数由 2008 年（第 1 届）的 242 件，发展到上万件作品参加省级赛。作品质量也逐年提高，有些作品为 CCTV 所采用，有些已商品化。由于"大赛"秉承公开、公平、公正的评比宗旨，在全国已形成浩大的赛事。

中国大学生计算机设计大赛以"三安全"为前提，以"三服务"为目标，以"三公"为生命线，从 2007 年筹备到现在，经过十年的艰苦努力，赢得到了参赛师生的支持和信任。大赛对于计算机应用人才的壮大、大学生就业的促进、创新创业人才的培养有着积极的意义。

第2章
大赛章程

2.1 总则

第1条 "中国大学生计算机设计大赛"（以下简称"大赛"）是由教育部高等学校计算机类专业教学指导委员会、软件工程专业教学指导委员会、大学计算机课程教学指导委员会、文科计算机基础教学指导分委员会、中国青少年新媒体协会联合组成的中国大学生计算机设计大赛组织委员会（以下简称"大赛组委会"）主办的面向全国高校在校本科生的非营利性、公益性、科技型的群众活动。

第2条 大赛目的。

1. 激发学生学习计算机知识和技能的兴趣和潜能，提高其运用信息技术解决实际问题的综合能力，为社会就业需要服务、为自身专业服务、为培养德智体美全面发展、具有团队合作意识、创新创业的复合型、应用型人才服务。

2. 通过计算机教学实践，进一步推动高校大学计算机课程有关计算机技术基本应用教学的知识体系、课程体系、教学内容和教学方法的改革，培养学生科学思维意识，切实提高计算机技术基本应用教学质量，展示师生的教学成果。

2.2 组织机构

第3条 大赛由大赛组委会主办、大学（或与所在地方政府，或与省级高校计算机教指委，或与省级高校计算机学会，或省级高校计算机教育研究会，或与企业，或与行业等共同）承办、专家指导、学生参与、相关部门支持。

第4条 大赛组委会是大赛的最高组织机构，拥有大赛的最终决策权。大赛组委会由高校相关人员、教育行政相关部门、承办单位等负责人组成。

大赛组委会下设赛务委员会、评比委员会、宣传委员会、秘书处，以及国赛决赛承办委员会等。

1. 大赛组委会的组成由教育部相关计算机教指委负责确定。

2. 大赛组委会下属机构由大赛组委会负责组筹，其挂靠高校有责任在经费等方面对相应机构给予必要的支持。

3. 大赛组委会秘书长受大赛组委会主任委托具体负责大赛组委会日常工作。

第5条 参加大赛各项工作的专家由相应委员会推荐，由大赛组委会聘任。

大赛组委会各工作委员会分别负责大赛对象确定、决赛现场承办点落实、赛题拟定、报名发动、专家聘请、作品评比、证书印制、颁奖仪式举办、参赛人员食宿服务及其他与赛事相关的所有工作。

大赛组委会下属各工作委员会作出的决定欲成为大赛组委会行为时，需经大赛组委会批准。

2.3 大赛形式与规则

第6条 大赛全国统一命题。每年举办一次。决赛现场一般在暑假期间举行。赛事活动在当年结束。

第7条 大赛赛事采用三级赛制。

1. 校级初赛（赛事基层动员与初赛举办）。

2. 省级复赛（省级，或国赛委托跨省的"省级国赛直报平台"复赛，为参加国赛现场决赛推荐选手）。

3. 全国现场决赛。

全国现场决赛可在大赛组委委托的承办单位所在地或其他合适的地点进行。

学校初赛、省级或地区（大区跨省）复赛可自行、独立组织。

校级初赛、省级或地区（大区跨省）复赛作品所录名次与作品在全国决赛中参赛报名、评比、获奖等级无必然联系，不影响国家级决赛现场独立评比和确定作品获奖等级。

第8条 参赛作品要求。

1. 符合国家宪法和相关法律、法规；符合中华民族优秀文化传统、优良公共道德价值、行业规范等要求。

2. 必须是举办年度完成的原创作品（如2018年参赛作品，应在2017年7月30日—2018年6月30日完成），并体现一定的创新性或实用价值。不在规定时间内完成的作品不得参加当年竞赛。提交作品时，需同时提交该作品的源代码及素材文件。不得抄袭，或者由他人代做（参赛作者必须是作品的主要完成者），或者已发表（或参赛）经修改再次使用。

3. 除非是为本大赛所设计的校级、校际、省级或地区（跨省级）选拔赛所设计的作品，凡参加过校外其他比赛并已获奖的作品，或者不具独立知识产权的作品，或者已经转让知识产权的作品，均不得报名参加本赛事。

4. 大赛设定了主题的竞赛类组，包括数媒设计类作品，无论是专业组或普通组，均应选择当年大赛组委会设定的主题进行设计，否则被视为无效。

第9条 大赛参赛对象：决赛当年在校的本科学生。毕业班学生可以参赛，但一旦入围全国决赛，则必须按参赛人数比例亲临决赛现场，否则将影响作品最终成绩，并将扣减该校下一年度的参赛作品名额。

第10条 大赛只接受以学校为单位组队参赛。每校参赛作品，每个小类原则上不多于2件，每个大类（组）不多于4件。计算机音乐创作类的每校参赛作品数专业组小类不限，总数限为6件。具体见第4章所述。

第11条 参赛院校应安排有关职能部门负责参赛作品的组织、纪律监督以及内容审核等工作，保证本校竞赛的规范性和公正性，并由该学校相关部门签发组队参加大赛报名的文件。

第 12 条　违规作品处理

大赛恪守诚信，杜绝不端行为，以利于吸引更多以诚实为本的师生参赛，进一步激发其参赛热情。对涉嫌抄袭、他人代做、已发表（或参赛）经修改再次使用等等经查证核实，无论何时，一旦认定为抄袭等严重违规作品，处理如下：

1. 在本赛事的官网上公布违规作品的编号、名称、作者与指导教师姓名，通知相关省级赛组委会，以及所在学校的教务处（或所在院系）等相应机构。

2. 取消违规作品参加本赛事的资格，取消违规作品作者在本科期间参加本赛事的资格，取消违规作品指导教师其参加评比指导教师奖及优秀指导教师奖的资格。

3. 若作品已获奖，则取消该获奖资格，追回相应获奖所得的一切。

第 13 条　作品参赛经费

1. 学生参赛费用原则上应由参赛学生所在学校承担。可以由学校与学生共同承担，也可以由学生自己承担。

2. 学校有关部门要在多方面积极支持大赛工作，对指导教师要在工作量、活动经费等方面给予必要的支持。

第 14 条　参加决赛作品的版权由作者和大赛组委会共同所有。作者对作品拥有自主使用权或转让权，大赛组委会对作品也拥有以非营利为目的自主使用权或转让权。

2.4　评奖办法

第 15 条　大赛组委会评比委员会本着公开、公平、公正的原则组织评审参赛作品。

第 16 条　全国高校各参赛院校按参加省级赛的有效作品数的 35% 上推到国赛。

第 17 条　初步入围国赛决赛的作品经复审、公示、异议，在确定无违规合格后，确定为入围国赛决赛的作品，其名单将在大赛网站公示，同时书面通知各参赛院校。

第 18 条　入围国赛决赛作品将集中进行现场决赛。现场决赛包括作品展示与说明、作品答辩、专家评审、部分作品的大范围展示、点评研讨等环节。

若国赛决赛现场设施不能满足所有入围决赛作品参赛的需要，大赛组委会可用减少每队来现场参赛人数的办法来限制参赛规模。大赛组委会也可根据省级复赛推荐排序截流参赛作品到决赛现场参加各级奖项的评比。被截流未能到决赛现场的入围决赛的作品只发给三等奖。

第 19 条　入围国赛决赛作品评奖比例，按实际到现场的参赛合格作品数进行评比，一等奖占实际合格作品数的 7% ～ 10%，二等奖不小于实际合格作品数的 30%，三等奖不大于实际合格作品数的 50%，上述奖项之外的作品为优胜奖。入围国赛决赛作品，若发现严重违规，不给任何奖项。

2.5　公示与异议

第 20 条　为使大赛评比公开、公平、公正，大赛实行公示与异议制度。

第 21 条　对参赛作品，大赛组委会将分阶段（报名、省级赛推荐入围国赛决赛、获奖）在大赛网站上公示，以供监督、评议。任何个人和单位均可提出异议，由大赛组委会评比委员会受理处置。

第 22 条　受理异议的重点是违反竞赛章程的行为，包括作品抄袭、他人代做、不公正的评比等。

第 23 条　异议形式：

1. 个人提出的异议，须写明本人的真实姓名、所在单位、通信地址（包括联系电话或电子邮件地址等），并有本人的亲笔签名或身份证复印件。

2. 单位提出的异议，须写明联系人的姓名、通信地址（包括联系电话或电子邮件地址等），并加盖公章。

3. 仅受理实名提出的异议。大赛组委会评比委员会对提出异议的个人或单位的信息负有保密的职责。

第24条 与异议有关的学校的相关部门，要协助大赛组委会评比委员会对异议进行调查，并提出处理意见。评比委员会在异议期结束后的适当时间（如每年的10月下旬前）向申诉人答复处理结果。

异议原则上限于异议期。若在异议期限之外提出异议，只要具有真凭实据的抄袭、他人代做等侵权行为的作品，评比委员会均应受理。对有严重问题的获奖作品，何时发现，何时处理，决不姑息。

2.6 经费

第25条 大赛经费由主办、承办、协办和参赛单位共同筹集。现场决赛承办单位统一安排住宿，费用自理。

每个参赛作品均需缴纳报名费。

每个参加现场决赛作品均需交评审费。评审费主要用于评比专家交通与餐费等补贴。

每位参加决赛作品的成员（包括队员、指导教师和领队）均需交纳赛务费。赛务费主要用于参赛人员餐费、保险以及其他诸如奖牌、证书等开支。

第26条 在不违反大赛评比公开、公平、公正原则及不损害大赛及相关各方声誉的前提下，大赛接受各企业、事业单位或个人向大赛提供经费或其他形式的捐赠资助。

第27条 大赛属非营利性、公益性、科技型的群众活动，所筹经费仅以满足大赛赛事本身的各项基本需要为原则。余者应直接用于参赛学生身上，承办学校或个人不得截流挪作他用。

第28条 国赛决赛现场承办院校，在竞赛活动结束后应在规定时间内按照指定格式上报财务决算报告与决赛总结。若有经费上的盈余，不得私自截流，由组委会研究决定节余经费的用途。

2.7 国赛决赛现场承办单位的职责

第29条 国赛决赛现场承办单位要与组委会签订承办合同，具体规定承办单位的职责和权利。

第30条 国赛决赛现场承办单位有责任在必要时通过其法律顾问为大赛提供法律支援。

2.8 附则

第31条 大赛赛事的未尽事宜将另行制定补充章程或《参赛指南》中的相应规定，与本章程具有同等效力。

本章程的解释权属大赛组委会。

第 3 章
大赛组委会

3.1 大赛组委会主要成员

大赛国赛组委会为大赛最高组织机构。国赛组委会下设赛务委员会、评比委员会、宣传委员会、与企业合作委员会、国赛现场决赛委员会，以及秘书处。国赛组委会由中央及地方主管教育行政部门、有关计算机教学指导委员会、某些本科高校，以及承办单位的负责人及专家组成。

组委会主要成员

1. **组委会顾问**（按姓氏笔画排序）：
   孙家广（清华大学）　　　　　　陈国良（中国科技大学）
   李　未（北京航空航天大学）

2. **组委会名誉主任**：
   周远清（教育部）

3. **组委会主任**：
   靳　诺（中国人民大学）

4. **组委会常务副主任**（按姓氏笔画排序）：
   李　廉（合肥工业大学）　　　　李宇明（北京语言大学）
   陈章乐（共青团中央）

5. **组委会副主任**（部分，按姓氏笔画排序）：
   韦　穗（安徽大学）　　　　　　陈　岗（吉林大学）
   吕英华（东北师范大学）　　　　杜小勇（中国人民大学）
   彭南生（华中师范大学）　　　　顾春华（上海理工大学）
   褚子育（浙江音乐学院）

6. **组委会秘书长**：
   卢湘鸿（北京语言大学）
   组委会副秘书长（按姓氏笔画排序）：
   王小鲲（共青团中央）　　　　　尤晓东（中国人民大学）
   李文新（北京大学）

7. **组委会常务委员**（未计主任、副主任、秘书长，按姓氏笔画排序）：

马殿富（北京航空航天大学）　　王　浩（合肥工业大学）

王移芝（北京交通大学）　　文继荣（中国人民大学）

冯博琴（西安交通大学）　　卢虹冰（空军医科大学）

匡　松（西南财经大学）　　何　洁（清华大学）

李凤霞（北京理工大学）　　刘　强（清华大学）

何钦铭（浙江大学）　　金　莹（南京大学）

郑　莉（清华大学）　　张小夫（中央音乐学院）

耿国华（西北大学）　　黄心渊（中国传媒大学）

龚沛曾（同济大学）

8. **组委会委员**（未计上述已有的主任副主任及常务委员，依大区按姓氏笔画排序）：

刘志敏（北京大学）　　刘玫瑾（北京体育大学）

周林志（北京航空航天大学）　　贾京生（清华大学）

曹永存（中央民族大学）　　曹淑艳（对外经济贸易大学）

孙华志（天津师范大学）　　孙纳新（武警后勤学院）

余秋冬（天津农学院）　　张文杰（南开大学）

赵　宏（南开大学）　　罗朝晖（河北大学）

张奋飞（中北大学）　　黄解宇（运城学院）

王学颖（沈阳师范大学）　　黄卫祖（东北大学）

张立志（东北大学）　　邵　兵（吉林艺术学院）

曹成志（吉林大学）　　张　欣（吉林省高校计算机基础教育研究会）

刘庆红（哈尔滨师范大学）　　赵志杰（哈尔滨商业大学）

张洪瀚（哈尔滨商业大学）　　原松梅（哈尔滨工业大学）

冯佳昕（上海财经大学）　　陆　铭（上海大学）

宋　晖（东华大学）　　杨志强（同济大学）

郑　骏（华东师范大学）　　宗　平（南京邮电大学）

马　利（南京信息工程大学）　　叶锡君（南京农业大学）

陈汉武（东南大学）　　殷新春（扬州大学）

韩忠愿（南京财经大学）　　褚宁琳（南京艺术学院）

王晓东（宁波大学）　　吴　卿（杭州电子科技大学）

耿卫东（浙江大学）　　黄晓东（浙江音乐学院）

詹国华（杭州师范大学）　　潘瑞芳（浙江传媒学院）

孙中胜（黄山学院）　　杨　勇（安徽大学）

钦明皖（安徽大学）　　杨印根（江西师范大学）

朱顺痣（厦门理工学院）　　刘兴波（山东师范大学）

高　博（福建农林大学）　　鲍永芳（福建动漫行业协会）

任雪玲（青岛大学）　　郝兴伟（山东大学）

顾群业（山东工艺美术学院）　　谭开界（山东艺术学院）

甘　勇（郑州轻工业学院）　　郭清溥（河南财经政法大学）

姚世军（解放军信息工程大学） 翁　梅（河南农业大学）

王丽娜（武汉大学） 张晓龙（武汉科技大学）

郑世珏（华中师范大学） 秦磊华（华中科技大学）

徐东平（武汉理工大学） 袁景凌（武汉理工大学）

刘卫国（中南大学） 赵　欢（湖南大学）

彭小宁（怀化学院） 廖俊国（湖南科技大学）

王志强（深圳大学） 陈尹立（广东金融学院）

杜炫杰（华南师范大学） 蒋盛益（广东外语外贸大学）

陈明锐（海南大学） 吴丽华（海南师范大学）

段玉聪（海南大学） 刘慧君（重庆大学）

杨德刚（重庆师范大学） 唐　雁（西南大学）

曾　一（重庆大学） 王　杨（西南石油大学）

王　锦（西华师范大学） 何　嘉（成都信息工程大学）

易　勇（四川大学） 王元亮（云南财经大学）

刘敏昆（云南师范大学） 佘玉梅（云南民族大学）

杨　毅（云南农业大学） 张洪明（昆明理工大学）

卢　江（长安大学） 李　波（西安交通大学）

许录平（西安电子科技大学） 曹　菡（陕西师范大学）

王崇国（新疆大学） 田翔华（新疆医科大学）

朱雪莲（新疆艺术学院） 李志刚（石河子大学）

潘伟民（新疆师范大学）

3.2 大赛组委会主要下属机构负责人

1．赛务委员会

（1）赛务委员会挂靠中国人民大学。

（2）主要负责人

　　主　　任：杜小勇（中国人民大学）

　　副 主 任：文继荣（中国人民大学）

　　秘 书 长：尤晓东（中国人民大学）

　　副秘书长：周小明（中国人民大学）

2．评比委员会

（1）评比委员会挂靠北京大学。

（2）主要负责人

　　副 主 任：李文新（北京大学）

　　秘 书 长：刘志敏（北京大学）

　　副秘书长：邓习峰（北京大学）

3. 宣传委员会

（1）宣传委员会挂靠清华大学。

（2）主要负责人

    主　　　任：吕英华（东北师范大学）

    副 主 任：卢先和（清华大学出版社）

    秘 书 长：郑　莉（清华大学）

    副秘书长：曹成志（吉林大学）　　　　　　杨　青（华中师范大学）

            奚春雁（《计算机教育》杂志社）童占梅（《工业和信息化教育》杂志社）

    委　　　员：

            李四达（北京服装学院）　　　　王　铉（中国传媒大学）

            崔　巍（北京信息科技大学）　　张静波（东北师范大学）

            陈志云（华东师范大学）　　　　胡巧多（上海商学院）

            高洪皓（上海大学）　　　　　　秦　军（南京邮电大学）

            黄冬明（宁波大学）　　　　　　牟堂娟（山东工艺美术学院）

            冯　坚（武汉音乐学院）

4. 与企业合作委员会

（1）中国传媒大学

（2）主　　　任：黄心渊（中国传媒大学）

    副 主 任：金　莹（南京大学）　　　　　吴　卿（杭州电子科技大学）

            詹国华（杭州师范大学）

    秘 书 长：李骏扬（东南大学）

    副秘书长：高　博（福建农林大学）　　　秦绪好（中国铁道出版社）

            黄娟琴（浙江大学出版社）　　　谢　琛（清华大学出版社）

第4章
大赛内容与分类

4.1 大赛内容依据

第1条 大赛内容主要依据。

1.《国务院办公厅关于深化高等学校创新创业教育改革实施意见》（国办发〔2015〕36号）、教育部高等学校大学计算机课程教学指导委员会编写的《大学计算机课程教学基本要求》与教育部高等学校文科计算机基础教学指导委员会编写的《高等学校文科类专业大学计算机教学要求》。大赛是计算机理论教学实践的组成部分，是计算机理论教学实践的一种形式。

2. 学生就业需要。

3. 学生专业需要。

4. 学生创新意识、创新创业能力培养需要。

4.2 大赛内容分类

第2条 大赛内容与分类。

大赛内容共分：（1）软件应用与开发，（2）微课与教学辅助，（3）数字媒体（简称数媒）设计普通组，（4）数媒设计专业组，（5）数媒设计1911年前中华优秀传统文化元素，（6）数媒设计中华民族服饰手工艺品建筑，（7）数媒设计动漫游戏，（8）软件服务外包，（9）计算机音乐创作普通组，（10）计算机音乐创作专业组，（11）中国大学生人工智能大赛（又名中国高校人工智能大赛，简称"人工智能"）等11类（组）。各类（组）下面分设若干小类。

1. 软件应用与开发

1.1 小类

（1）Web应用与开发。

（2）管理信息系统。

（3）移动应用开发（非游戏类）。

（4）物联网与智能设备。

1.2 说明

（1）若智能类作品切实可行并提交完整的方案文档（不一定需要进行完整的代码实现），则应报"人工智能应用方案设计小类"。

（2）若智能类作品已经具有完整的功能实现，并且机器学习算法在作品中具有核心作用，则应报"人工智能应用程序设计小类"。

（3）若智能类作品虽然涉及机器学习算法，但并不是作品的核心功能，或者作品仅仅涉及不需要学习或训练过程的控制算法，则应报本组的比赛。

（4）每队参赛人数为 1 ~ 3 人，指导教师不多于 2 人。

（5）每位作者在本类（组）中只能参与一件作品，无论作者排名如何。

（6）每位指导教师在本类（组）中，不能多于指导 4 件作品，每小类不能多于指导 2 件作品，无论指导教师的排名如何。

（7）每校参加省级赛区每小类作品数量由各省级赛区组委会或省级直报赛区自行规定。本大类（组）每校最终入围国赛决赛作品不多于 4 件，每小类不多于 2 件。

2. 微课与教学辅助

2.1 小类

（1）计算机基础与应用类课程微课（或教学辅助课件）。

（2）中、小学数学或自然科学课程微课（或教学辅助课件）。

（3）汉语言文学（古汉语、唐诗宋词、散文等，内容限在 1911 年前）微课（或教学辅助课件）。

（4）虚拟实验平台。

2.2 说明

（1）微课为针对某个知识点而设计，包含相对独立完整的教学环节。要有完整的某个知识点内容，既包含短小精悍的视频，又必须包含教学设计环节。不仅要有某个知识点制作的视频文件或教学，更要介绍与本知识点相关联的教学设计、例题、习题、拓展资料等内容。

（2）"教学辅助课件"小类是指针对教学环节开发的课件软件，而不是指课程教案。

（3）课程教案类不能以"教学辅助课件"名义报名参赛。如欲参赛，应进一步完善为微课类作品。

（4）虚拟实验平台是以虚拟技术为基础进行设计、支持完成某种实验为目的、模拟真实实验环境的应用系统。

（5）每队参赛人数为 1 ~ 3 人，指导教师不多于 2 人。

（6）每位作者在本类（组）中只能参与一件作品，无论作者排名如何。

（7）每位指导教师在本类（组）中，不能多于指导 4 件作品，每小类不能多于指导 2 件作品，无论指导教师的排名如何。

（8）每校参加省级赛区每小类作品数量由各省级赛区组委会或省级直报赛区自行规定。本大类（组）每校最终入围国赛决赛作品不多于 4 件，每小类不多于 2 件。

3. 数媒设计普通组（参赛主题：人工智能畅想）

3.1 小类

（1）计算机图形图像设计。

（2）交互媒体设计。

（3）DV 影片。

3.2　说明

（1）本组作品仅仅是对人工智能畅想或带有科幻色彩，并不具有完整的科学功能的实现。若作品已经具有完整的功能实现，则应、也必须参加人工智能应用方案设计或人工智能应用程序设计，不得报数媒设计或数媒设计动漫游戏组。

（2）数媒设计分普通组与专业组进行评比。

（3）属于专业组的作品只能参加专业组的竞赛，不得参加普通组的竞赛。

属于普通组的作品只能参加普通组的竞赛，不得参加专业组的竞赛。

（4）专业组作者清单见 4.2（4）中所述。

（5）参赛作品有多名作者的，如有任何一名作者归属于上面所述专业，则作品应参加专业组的竞赛。

（6）交互媒体设计，需体现一定的交互性与互动性，不能仅为版式设计。

（7）每队参赛人数为 1 ~ 3 人，指导教师不多于 2 人。

（8）每位作者在本类（组）中只能参与一件作品，无论作者排名如何。

（9）每位指导教师在本类（组）中，不能多于指导 4 件作品，每小类不能多于指导 2 件作品，无论指导教师的排名如何。

（10）每校参加省级赛区每小类作品数量由各省级赛区组委会或省级直报赛区自行规定。本大类（组）每校最终入围国赛决赛作品不多于 4 件，每小类不多于 2 件。

4.　数媒设计专业组（参赛主题：人工智能畅想）

4.1　小类

（1）计算机图形图像设计。

（2）交互媒体设计。

（3）DV 影片。

（4）环境设计。

（5）工业产品设计。

4.2　说明

（1）本组作品仅仅是对人工智能畅想或带有科幻色彩，并不具有完整的科学功能的实现。若作品已经具有完整的功能实现，则应、也必须参加人工智能应用方案设计或人工智能应用程序设计，不得报数媒设计或数媒设计动漫游戏组。

（2）数媒设计分普通组与专业组进行评比。

（3）属于专业组的作品只能参加专业组的竞赛，不得参加普通组的竞赛。

属于普通组的作品只能参加普通组的竞赛，不得参加专业组的竞赛。

（4）专业组作者清单：

① 艺术教育。

② 广告学、广告设计。

③ 广播电视新闻学。

④ 广播电视编导、戏剧影视美术设计、动画、影视摄制。

⑤ 计算机科学与技术专业数字媒体技术方向。

⑥ 服装设计、工业设计、建筑学、城市规划、风景园林。

⑦ 数字媒体艺术、数字媒体技术。

⑧ 美术学、绘画、雕塑、摄影、中国画与书法。

⑨ 艺术设计学、艺术设计、会展艺术与技术。

⑩ 其他与数字媒体、视觉艺术与设计、影视等相关专业。

（5）参赛作品有多名作者的，如有任何一名作者归属于上面所述专业，则作品应参加专业组的竞赛。

（6）交互媒体设计，需体现一定的交互与互动性，不能仅为版式设计。

（7）环境设计的含义限指有关空间形象设计、建筑设计、室内环境设计、装修设计、景观园林设计、景观小品（场景雕塑、绿化、道路）设计等。

（8）工业产品设计的含义限指传统工业产品设计，即有关生活、生产、交通、运输、办公、家电、医疗、体育、服饰的工具或设备等工业产品设计。

该小类作品必须提供表达清晰的设计方案，包括产品名称、效果图、细节图、必要的结构图、基本外观尺寸图、产品创新点描述、制作工艺、材质等，如有实物模型更佳。要求体现创新性、可行性、美观性、环保性、完整性、经济性、功能性、人体工学及系统整合。

（9）每队参赛人数为 1 ～ 3 人，指导教师不多于 2 人。

（10）每位作者在本类（组）中只能参与一件作品，无论作者排名如何。

（11）每位指导教师在本类（组）中，不能多于指导 4 件作品，每小类不能多于指导 2 件作品，无论指导教师的排名如何。

（12）每校参加省级赛区每小类作品数量由各省级赛区组委会或省级直报赛区自行规定。本大类（组）每校最终入围国赛决赛作品不多于 4 件，每小类不多于 2 件。

5. 数媒设计 1911 年前中华优秀传统文化元素

5.1 小类

（1）微电影。

（2）数字短片。

（3）纪录片。

5.2 说明

（1）1911 年前中华优秀传统文化元素参赛主题为：

① 世界级、国家级、省级的自然遗产、文化遗产、名胜古迹。

② 先秦主要哲学流派（道 / 儒 / 墨 / 法 / 名等）。

③ 以唐诗宋词为代表歌颂中华大好河山的诗、词、散文。

④ 优秀的传统道德风尚。

⑤ 音乐、舞蹈、戏剧、曲艺、国画、汉字、书法、技艺等。

（2）主题内容、情节均严格限在 1911 年前，人物、服饰、道具等必须与作品主题、内容相符。

（3）自然遗产、文化遗产、名胜古迹等若以微电影形式参赛，则应有人物、完整故事情节穿插，不能简单地拍成纪录片。

（4）凡符合本类内容的所有作品，必须报名参加本类竞赛，均不得报入数媒设计或数媒设计中华民族服饰手工艺品建筑或数媒设计动漫游戏。

（5）每队参赛人数为 1 ～ 5 人，指导教师不多于 2 人。

（6）每位作者在本类（组）中只能参与一件作品，无论作者排名如何。

（7）每位指导教师在本类（组）中，不能多于指导 4 件作品，每小类不能多于指导 2 件作品，无论指导教师的排名如何。

（8）每校参加省级赛区每小类作品数量由各省级赛区组委会或省级直报赛区自行规定。本大类（组）每校最终入围国赛决赛作品不多于 4 件，每小类不多于 2 件。

6. 数媒设计中华民族服饰手工艺品建筑

6.1 小类

（1）图形图像设计。

（2）动画。

（3）交互媒体设计。

6.2 说明

（1）每队参赛人数为 1～3 人，指导教师不多于 2 人。

（2）每位作者在本类（组）中只能参与一件作品，无论作者排名如何。

（3）每位指导教师在本类（组）中，不能多于指导 4 件作品，每小类不能多于指导 2 件作品，无论指导教师的排名如何。

（4）每校参加省级赛区每小类作品数量由各省级赛区组委会或省级直报赛区自行规定。本大类（组）每校最终入围国赛决赛作品不多于 4 件，每小类不多于 2 件。

（5）凡符合此组内容的作品，均不得报入数媒设计类普通组（或专业组）或动漫游戏组。

7. 数媒设计动漫游戏（参赛主题：人工智能畅想）

7.1 小类

（1）动画。

（2）漫画插画。

（3）游戏。

（4）动漫衍生品（含数字、实体衍生品）。

（5）3R（VR/AR/MR）作品。

7.2 说明

（1）本组作品仅仅是对人工智能畅想或带有科幻色彩，并不具有完整的科学功能的实现。若作品已经具有完整的功能实现，则应该、也必须参加人工智能应用方案设计或人工智能应用程序设计，不得报数媒设计或数媒设计动漫游戏组。

（2）凡符合本组内容的作品，必须参加本组，均不得报入数媒设计的其他组。

（3）每队参赛人数为 1～5 人，指导教师不多于 2 人。

（4）每位作者在本类（组）中只能参与一件作品，无论作者排名如何。

（5）每位指导教师在本类（组）中，不能多于指导 4 件作品，每小类不能多于指导 2 件作品，无论指导教师的排名如何。

（6）每校参加省级赛区每小类作品数量由各省级赛区组委会或省级直报赛区自行规定。本大类（组）每校最终入围国赛决赛作品不多于 4 件，每小类不多于 2 件。

（7）2018 年本组不设企业命题。

8. 软件服务外包（医药组/企业组）

8.1 医药组

（1）医药健康计算。主题：

① 健康管理与监护智能设计及应用。

② 计算机辅助诊断与治疗相关设计及应用。

③ 医药健康大数据分析。

④ 医药专业课程与教学平台相关设计及应用。

⑤ 医药信息系统应用与开发。

⑥ 与医药健康相关的其他 IT 应用及创新。

（2）说明：

① 此小类的核心是"计算机及互联网技术在医药健康领域中的应用"这一主题，鼓励人工智能的相关应用。凡符合这一主题的作品，都应该也必须报此类（组）。

② 省级复赛技术上（评比专家组）由教育部高等学校大学计算机课程教指委医药类专家等组成，报名等组织由省级直报平台处理。

③ 若智能类作品切实可行并提交完整的方案文档（不一定需要进行完整的代码实现），则应报"人工智能应用方案设计小类"。

④ 若智能类作品已经具有完整的功能实现，并且机器学习算法在作品中具有核心作用，则应报"人工智能应用程序设计小类"。

⑤ 若智能类作品作虽然涉及机器学习算法，但并不是作品的核心功能，或者作品仅仅涉及不需要学习或训练过程的控制算法，则应报本组的比赛。

⑥ 参赛队作者人数限制为 3 ~ 5 人，指导教师不多于 2 人。

⑦ 每位作者在医药组中只能参与一件作品，无论作者排名如何。

⑧ 每位指导教师在医药组中，不能多于指导 4 件作品，每小类不能多于指导 2 件作品，无论指导教师的排名如何。

⑨ 每校参加省级直报平台作品每小类数量不限。本大类（组）在软件服务外包中每校最终入围决赛作品总数不多于 4 件，每题不多于 2 件。

8.2 企业组

（1）小类

① 大数据分析。

② 物联网应用。

③ 移动终端应用。

④ 移动互联网。

⑤ 电子商务。

（2）题目（28题）

① 大数据分析（11题，001 ~ 011）

001 患者画像系统研究及实现（创业软件股份有限公司）

002 活体人脸识别核心技术研究与开发（网新创建科技有限公司）

003 基于大数据的用户画像平台研究与开发（网新创建科技有限公司）

004 基于云平台的建筑结构安全数据实时采集与评估 APP（杭州自动化研究院）

005 学生健康饮食智能推荐系统（浙江正元智慧科技股份有限公司）

006 大数据快速分类项目（浙江信网真科技股份有限公司）

007　商场视频图像识别和预警系统（浙江信网真科技股份有限公司）

008　互联网搜索日志数据挖掘（北京瑞德云网科技有限公司）

009　互联网新闻分类（北京瑞德云网科技有限公司）

010　出租车车辆 GPS 定位挖掘（北京瑞德云网科技有限公司）

011　针对资讯的用户建模和个性推荐系统（网新恒天软件有限公司）

② 物联网应用（7 题，012～018）

012　面向第三方机构的检验通信系统研究及实现（创业软件股份有限公司）

013　基于二维码的虚拟城市一卡通平台开发（网新创建科技有限公司）

014　气象环境与室内空气质量检测与告警移动终端（杭州自动化研究院）

015　医院内室内定位导航软件（医惠科技有限公司）

016　智能床垫（医惠科技有限公司）

017　基于物联网的学生晨跑系统（浙江正元智慧科技股份有限公司）

018　基于 WebGL 的 BIM 三维模型展示系统（浙江信网真科技股份有限公司）

③ 移动终端应用（7 题，019～025）

019　人工智能乐器陪练系统（苹果公司）

020　智能掌上访客及会议室管理系统（苹果公司）

021　掌上同屏互动系统（苹果公司）

022　全程营销会务管理系统开发（新中大软件股份有限公司）

023　智慧工会平台（新中大软件股份有限公司）

024　基于微信服务号的在线答题系统（网新恒天软件有限公司）

025　基于智能识别的健康档案管理系统（浙江正元智慧科技股份有限公司）

④ 移动互联网（2 题，026、027）

026　可快速构建的企业公众号互动平台（杭州自动化研究院）

027　基于 MDX 的移动终端可视化分析工具开发（创业软件股份有限公司）

⑤ 电子商务（1 题，028）

028　垂直电商系统（网新恒天软件有限公司）

（3）说明

① 若智能类作品切实可行并提交完整的方案文档（不一定需要进行完整的代码实现），则应报"人工智能应用方案设计小类"。

② 若智能类作品已经具有完整的功能实现，并且机器学习算法在作品中具有核心作用，则应报"人工智能应用程序设计小类"。

③ 若智能类作品作虽然涉及机器学习算法，但并不是作品的核心功能，或者作品仅仅涉及不需要学习或训练过程的控制算法，则应报本组的比赛。

④ 各省可以自行组赛。但所有参加国赛现场决赛选拔作品均需报省级直报赛区统一复评。

⑤ 软件服务外包类参赛队作者人数限制为 3～5 人，指导教师不多于 2 人。

⑥ 每位作者在企业组中只能参与一件作品，无论作者排名如何。

⑦ 每校参加省级复赛直报赛区的作品数量不限。本大类（组）在软件服务外包中每校最终入围决赛作品总数不多于 4 件，每题不多于 2 件。

⑧ 有关企业命题的更多要求，必须参看官网发布的"2018年（第11届）中国大学生计算机设计大赛通知"附件2大赛内容软件服务外包企业命题项目需求分析（从官网 http://www.jsjds.org 下载）。

9. 计算机音乐创作类普通组

9.1 小类

（1）原创音乐类（纯音乐类，包含MIDI类作品、音频结合MIDI类作品）。

（2）原创歌曲类（曲、编曲需原创，歌词至少拥有使用权。编曲这部分至少有计算机MIDI制作或音频制作方式，不允许全录音作品）。

（3）视频音乐类（音视频融合多媒体作品或视频配乐作品，视频部分鼓励原创，如非原创，需获得授权使用。音乐部分需原创）。

9.2 说明

（1）计算机音乐创作类作品分普通组与专业组进行竞赛。

普通组与专业组的划分见后面（"计算机音乐创作类专业组"）的说明1所述。

（2）每队参赛人数为1～3人，指导教师不多于2人。

（3）每位作者在本类（组）中只能参与一件作品，无论作者排名如何。

（4）每位指导教师在本类（组）中，不能多于指导6件作品，每小类不能多于指导3件作品，无论指导教师的排名如何。

（5）每校参加计算机音乐类直报平台每小类数量不限。本大类（组）每校最终入围决赛作品总数不多于6件，每小类不多于3件。

10. 计算机音乐创作类专业组

10.1 小类

（1）原创音乐类（纯音乐类，包含MIDI类作品、音频结合MIDI类作品）。

（2）原创歌曲类（曲、编曲需原创，歌词至少拥有使用权。编曲这部分至少有计算机MIDI制作或音频制作方式，不允许全录音作品）。

（3）视频音乐类（音视频融合多媒体作品或视频配乐作品，视频部分鼓励原创，如非原创，需获得授权使用。音乐部分需原创）。

10.2 说明

（1）计算机音乐创作类作品分普通组与专业组进行竞赛。

同时符合以下三个条件的学生，划归计算机音乐创作类专业组：

① 在以专业音乐学院、艺术学院与类似院校（诸如武汉音乐学院、南京艺术学院、中国传媒大学）、师范大学或普通本科院校的音乐专业或艺术系科就读。

② 所在专业必须是电子音乐制作或作曲等类似专业，诸如：电子音乐制作、电子音乐作曲、音乐制作、作曲、新媒体（流媒体）音乐，以及其他名称但实质是相类似的专业。

③ 在校期间，接受过以计算机硬、软件为背景（工具）的音乐创作课程的正规教育。

其他不同时具备以上三个条件的学生均划归为普通组。

（2）参赛作品有多名作者的，如有任何一名作者归属于上面所述专业，则作品应参加专业组的竞赛。

（3）属于专业组的作品只能参加专业组的竞赛，不得参加普通组的竞赛。

属于普通组的作品只能参加普通组竞赛，不得参加专业组的竞赛。

（4）每队参赛人数为1~3人，指导教师不多于2人。

（5）每位作者在本类（组）中只能参与一件作品，无论作者排名如何。

（6）每位指导教师在本类（组）中，不能多于指导6件作品，每小类不能多于指导3件作品，无论指导教师的排名如何。

（7）每校参加计算机音乐类直报平台每小类数量不限。本大类（组）每校最终入围决赛作品总数不多于6件。

11. 中国大学生人工智能大赛（又名中国高校人工智能大赛，简称人工智能）

（参赛主题：我们身边的人工智能）

11.1 小类

（1）人工智能应用方案设计。

（2）人工智能应用程序设计。

11.2 人工智能应用方案设计要求

（1）作品应为与大学生日常学习生活相关的人工智能应用解决方案。

作品要求：作品需要有完整的方案设计，主要内容包括但不限于：作品背景、设计理念、方案设计（用户需求、可行性分析、技术路线）、作品优势、作品外观设计或系统界面、作品演示视频等。

（2）若作品仅仅是畅想或带有科幻色彩，不具有完整的功能实现，则应参加数媒设计类或数媒设计动漫游戏组。

（3）本小类作品方案不一定需要进行完整的代码实现，但必须切实可行并提交完整的方案文档。若作品已经具有完整的功能实现，则应、也必须参加人工智能应用程序设计类，不得报数媒设计类。

（4）评比方式：现场答辩。

评分指标：

① 创新性（30%） 作品在应用场景、解决方案、运营模式等方面是否具有创新性。

② 可行性（30%） 作品有无科学性错误、是否切实可行。

③ 完整性（40%） 作品的方案是否完整、明确、合理。

11.3 人工智能应用程序设计要求

（1）作品应为与大学生日常学习生活相关的人工智能应用解决方案。

作品应注重人工智能的应用与实现，而非单纯的理论研究或算法实现。

作品要求：作品需要有完整的方案设计与实现，主要内容包括但不限于：作品应用场景、设计理念、技术方案、作品源代码、用户手册、作品演示视频等。

（2）若作品已经具有完整的功能实现，并且机器学习算法在作品中具有核心作用，则应参加人工智能应用程序设计类。若作品作虽然涉及机器学习算法，但并不是作品的核心功能，或者作品仅仅涉及不需要学习或训练过程的控制算法，则应参加中国大学生计算机大赛其他相关大类的比赛。

（3）本类作品必须有具体的方案设计与技术实现，现场答辩时必须对系统功能进行演示。

（4）评比方式：现场演示与答辩。

评分指标：

① 创新性（30%）作品在应用场景、解决方案、算法设计中是否具有创新性。

② 技术方案（40%）作品技术路线是否可行，系统架构是否合理，核心算法应用是否适宜，并综合考虑算法改进与性能优化。

③ 作品效果（30%）作品功能是否完整、运行是否流畅、界面设计是否合理、用户使用是否便捷、作品中涉及的人工智能算法运行效果是否能满足作品的要求。

11.4 挑战项目

挑战项目1：基于磁共振成像的膀胱肿瘤检测

膀胱癌位居男性恶性肿瘤发病率第四、死亡率第八，由于复发率高，患者多在诊断、治疗、复发、再治疗中循环，是目前花费最高的癌症之一。实现膀胱肿瘤的早期检测对于预防膀胱癌、降低死亡率、提高患者生活质量具有重要意义。本挑战项目要求参赛队伍采用组委会提供的膀胱 MRI 图像训练数据集，进行智能算法设计及训练。

挑战内容1：设计算法，判断图像中是否存在膀胱肿瘤（赘生物）并标出所在位置；

挑战内容2：若发现膀胱肿瘤（赘生物），设计算法，实现肿瘤边界的准确勾画。

组委会将根据大赛进程，适时发布测试图像数据，并进行现场测试。最终根据所有参赛队伍对测试数据肿瘤检测的准确性、敏感性、特异性，及肿瘤勾画的准确性进行定量评价。

挑战项目2：基于大数据的城市雾霾指数预测

雾霾近几年已成为人们普遍关注的环保问题，人们在面对恶劣空气质量时，通常措手不及又无可奈何。雾霾预测系统能够有效地帮助城市公共服务管理与个人生活出行规划，帮助敏感人群避免严重恶劣空气污染的侵害，具有重要的现实意义。

挑战内容：参赛队伍根据训练数据集，设计算法，建立空气质量预测模型，对未来若干天的 PM2.5 指标进行预测。所提供的训练数据集包括一定数量城市的 PM2.5 检测数据，以及相关气象条件与天气数据。

在赛前准备期间，参赛队伍需要对指定的城市与时间段的雾霾情况进行预测，提交相关结果、文档和视频，预测结果将作为比赛评分依据。

大赛决赛期间，组委会现场将再次提供某一城市的相关气象条件与天气数据测试集，参赛队伍根据组委会现场提供的测试数据集，给出该城市的 PM2.5 指数预测情况。组委会根据参赛队伍现场预测结果的准确度给出评分结果。

（随后将提供具体的数据详情与评价方式）

挑战项目3：基于视觉的自主驾驶小车

自动驾驶是目前热门和前沿的研究方向。基于激光雷达的无人驾驶在实验环境下已经取得了较好的效果。纯视觉自动驾驶由于传感器成本低廉，接近于人类驾驶的方式也得到了广泛的关注。本挑战模拟真实的道路场景，要求参赛选手在纯视觉的引导下，按照现有交通法规的要求，完成一系列车辆自主行驶任务。

挑战内容1：实现基于机器视觉的模拟道路自主行驶——能够实现主要交通标志的识别，交通标志包括红绿灯、STOP 标志、车道线、地面车道指示标志（方向标识、人行道）的识别，根据相应标志做相应的动作，并在规定时间内完成比赛。

挑战内容2：在遇到障碍物时，车辆能够在不违反交通规则的情况下，变换车道规避障碍物。

组委会将公布赛道和辅助设施的图纸和建造方法，以及评分标准。参赛队伍需现场完成比赛。

11.5 说明

（1）每队参赛人数为 1～3 人，指导教师不多于 2 人。

（2）在本大类中，每人可参加不多于 2 件作品。每位作者在每小类中只能参与一件作品，无论作者排名如何。

（3）每位指导教师在本类（组）中，不能多于指导 6 件作品，每小类不能多于指导 3 件作品，无论指导教师的排名如何。

（4）每校参加省级直报平台作品每小类数量不限。本大类（组）每校最终入围决赛作品总数不多于 6 件，每小类不多于 3 件。

（5）有关人工智能大赛的更多信息，将在大赛官网（http://www.jsjds.org）上发布。组委会将提供专用平台供参赛者测试。

（6）咨询服务：李骏扬（东南大学自动化学院）13357701017。

4.3 大赛命题要求

第 3 条　大赛命题要求。

1. 竞赛题目应能测试学生运用计算机基础知识的能力、实际设计能力和独立工作能力。

2. 题目原则上应包括计算机技术应用基本要求部分和发挥部分，使绝大多数参赛学生既能在规定时间内完成基本要求部分的设计工作，又能便于优秀学生有发挥与创新的余地。

3. 作品题材要面向未来、多些想象力、创新创业能力的发挥。

4. 命题应充分考虑到竞赛评审时的可操作性。

4.4 计算机应用设计题目征集办法

第 4 条　大赛应用设计题目征集办法。

1. 面向各高校有关教师和专家按此命题原则及要求广泛征集下一届大赛的竞赛题目。赛题以 4.1 中的大赛内容为依据，尽量扩大内容覆盖面，题目类型和风格要多样化。

2. 赛务委员会向各高校组织及个人征集竞赛题，以丰富题源。

3. 各高校或个人将遴选出的题目，集中通过电子邮件或信函上报大赛赛务委员会秘书处（通信地址及收件人：中国人民大学信息学院，邮编 100872，尤晓东；电子邮件：baoming@jsjds.org）。

4. 赛务委员会组织命题专家组专家对征集到的题目认真分类、完善和遴选，并根据大赛赛务与评比的需要，以决定最终命题。

5. 根据本次征题的使用情况，大赛赛务委员会将报请大赛组委会，对有助于竞赛命题的原创题目作者颁发"优秀征题奖"及其他适当的奖励。

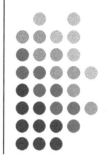

第 5 章
赛事级别、作品上推比例与参赛条件

为了进一步提升国级赛作品的整体水平，除由国赛组委会组织的国家级别的大赛（简称国赛）外，各校、省（直辖市、自治区）或地区（大区）可以针对国赛要求提前组织相应级别的选拔赛（预赛）。选拔赛可以学校、多校、省、多省为单位的形式进行。

5.1　赛事级别——校赛、省赛与国赛

一、三级赛制

大赛赛事采用三级赛制：

1. 校级初赛（基层动员）。
2. 省级赛区（或省级直报赛区）复赛。
3. 国级现场决赛。

二、省级赛

1. 不少于两所且有着部属院校或省属重点院校参与的多校联合选拔赛，经国赛组委会认同可视为省级赛事。没有部属院校或省属重点院校参与的院校联赛不构成省级赛。

2. 不少于两个不同省级赛事的多省联合选拔赛，可视为地区（大区）级赛事。其权益与省级赛相同。

3. 地域辽阔的地区，宜组织省、自治区级赛，而不宜组织地区赛。

4. 院校可以跨省、跨地区参赛。

5. 一个作品只能参加一个省级（直辖市、自治区）预赛及其相应的地区级赛的选拔赛，但不能同时直接报名参加省级国家直报平台。如有违反，取消该校所有作品的参赛资格。

6. 各省级赛系各自组织，独立进行，对其结果负责。省级赛与国赛无直接从属关系。各省级赛作品所录名次与该作品在全国大赛中获奖等级也无必然联系。

7. 各省级赛可以向国赛组委会申请使用统一的竞赛平台进行竞赛，亦可使用自备的竞赛平台竞赛。如省级赛、地区赛未使用国赛平台进行比赛，应通知获得国赛参赛资格的参赛队，及时完成国赛报名和作品提交全部手续。

5.2 省赛作品上推国赛比例

1. 各级别预赛应积极接受国赛组委会赛务委员会与评比委员会的业务指导，严格按照国赛规程组织竞赛和评比。按国赛规程组织竞赛和评比的省级赛（跨省地区级赛），可从合格的报名作品中直接推选相应比例参加国赛的入围决赛公示的作品，不须再经国赛直报平台环节。

2. 各类复赛（省级赛）按合格报名作品基数选拔后直推进入国赛的参赛作品比例为赛后排名的前 35%。

3. 上述各类数字分别按比赛类别，如软件应用与开发类、微课与教学辅助类、数媒设计普通组、数媒设计专业组、数媒设计 1911 年前中华优秀传统文化元素、数媒设计类中华民族服饰手工艺品建筑、数媒设计类动漫游戏类、软件服务外包类、计算机音乐创作类、人工智能等统计，各类组之间不得混淆，名额不得互相挪用。

5.3 参赛要求

1. 国家级决赛参赛作品只对在校本科生。高职高专学生不得以任何形式参赛。

鉴于大赛主办单位是基于教育部本科各计算机相关教指委，故 2018 年国家级决赛只限在校本科生参与。非在校本科学生或高职高专学生不得以任何形式参加国家级决赛。无论何时，违者一经发现即取消该作品的参赛资格。若该作品已获奖项，无论何时发现，均取消该作品的得奖资格，并追回所有奖状、奖牌及所发一切奖励，并将在大赛官网通告公示。

2. 一所学校的作品不能同时参加两个渠道的省级比赛。

参赛作品可以通过报名参加省级比赛（或地区级）获得进入决赛公示资格，也可以通过直接报名参加省级直报赛区，通过比赛获得进入决赛公示资格。但一所院校不能同时报名参加省级直报赛区。如发现参赛作品同时报名参加省级复赛与省级直报赛区，则取消该作品及所在校所有作品的参赛资格。若该作品已获奖项，无论何时，一旦发现，均取消该作品及所在校所有作品的得奖资格，并追回所有奖状、奖牌或相应的一切奖励。

第6章
国赛的申办、时间、地点与内容

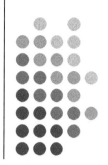

有关参赛事宜主要由大赛组委会下设的大赛赛务委员会、评比委员会、宣传委员会、决赛承办委员会共同实施。现场决赛前的工作以大赛组委会赛务委员会为主，国赛现场决赛阶段的工作，以大赛组委会评比委员会为主，大赛组委会决赛承办单位负责各种场所、食宿安排等后勤保障。

6.1 国赛现场决赛赛务的申办

一、国赛现场决赛承办地点的选定

1. 现场决赛点所在省市相对稳定。

根据目前大赛国赛已成规模，需多地设定现场决赛点，才能更好地满足院校根据自身作品优势及本校经费等情况的参赛要求。

2. 国赛现场决赛宜设在交通相对方便的城市（附近有民用机场和高铁动车站）。

3. 自然条件安全（非台风多发地域等）。

二、国赛决赛现场赛务承办院校的确定

为了把大赛国赛现场决赛赛务工作做得更好，鼓励凡有条件愿意承办国赛现场决赛赛务的院校，积极申请承办国赛现场决赛赛务。

1. 申办基本条件。

（1）学校具有为国赛现场决赛成功举办的奉献精神并提供必要的支持。

（2）具有可容纳不少于 1000 人的会议厅或体育馆。

（3）可解决不少于 1000 人的住宿与餐饮。

（4）具有能满足大赛作品评比所需要的计算机软、硬件设备和 Internet 网络条件。

2. 申办程序。

（1）以学校名义正式提交书面申请书（必须盖学校公章）。

（2）书面申请书寄至：100083（邮编），北京海淀区学院路 15 号综合楼 183 信箱中国大学生计算机大赛组委会秘书处。也可以把盖有学校公章的申请书扫描成电子文件，发到 baoming@jsjds.org 或 luxh339@126.com。

（3）等候大赛组委会回复（大赛组委会秘书处一周内会有信息返回）。

说明：

① 申请书上要注明计划承办哪一年哪一比赛类组的大赛现场决赛赛务。

② 一个国赛决赛承办点一场原则上只能举办一个大类作品的决赛。

一个国赛决赛承办点不可以承办多于两场决赛。

③ 如有疑问，可以通过以下方式咨询：

邮箱： baoming@jsjds.org 或 luxh339@126.com

6.2 国赛现场决赛前的日程

2018 年（第 11 届）中国大学生计算机设计大赛现场决赛于 2018 年 7 月 17 日—8 月 30 日举行，详见 6.3。

1. 各院校预赛自行安排在 2018 年春季。

2. 对于大部分类组的竞赛安排，决赛前日程一般如下：

（1）2018 年 3—5 月中旬，省级选拔赛（包括省级直报平台、地区赛）陆续举行。

（2）2018 年 5 月 15 日前，省级选拔赛结束，并向大赛组委会提交具备报名参加国赛资格的作品名单及相关参赛信息。

（3）2018 年 5 月 20 日前，根据省级选拔赛取得参加国赛报名资格的作品，完成国赛报名全部手续（包括填报在线报名表、作品信息填报、作品提交、缴纳报名与初评费用等）。

（4）根据国赛现场决赛承办点所能承受赛事的规模、各省赛级（复赛）提交进入决赛的作品规模，大赛组委会评比委员会与赛务委员会对承办点确定参赛规模。每个现场决赛点参赛作品数原则上不小于 300 件，不超过 500 件。

（5）2018 年 6 月 10 日前，大赛组委会赛务委员会组织评比专家，对报名参加国赛的作品进行网上复审。若上推参赛作品在数量或质量存在问题，必要时可按省级赛上推顺序对作品进行截流处理。

（6）2018 年 6 月 15 日前，大赛组委会赛务委员会入围决赛作品公示，并接受异议、申诉和违规举报。并向大赛组委会现场决赛承办委员会提交进入决赛的作品名单及相关参赛信息。

（7）2018 年 6 月 30 日前，大赛组委会赛务委员会公布正式参加决赛作品名单。

3. 计算机音乐创作类作品，均按校级预赛、相当于省级赛的选拔赛及国赛现场决赛阶段进行。由浙江音乐学院负责报名事务，由中国传媒大学负责组织国赛现场决赛前的评审（权限相当于省级赛评审），并确定推荐进入国赛现场决赛作品名单。

时间要求与省级选拔赛同步。

4. 没有省级赛的省参赛作品，由省级编制的直报赛区（设在杭州师范大学）、相当于省级赛的报名及评比等各项工作直报赛区组委会负责。

时间要求与省级选拔赛同步。

5. 软件服务外包类，统一由省级赛编制设在杭州师范大学的直报赛区处理。

上述日程如有变动，以大赛官网公布的最新信息为准。

6.3 国赛现场决赛日程、地点与内容

根据参赛分类与组别的不同，现场决赛时间及地点如下：

决赛日期 (2018 年)	城市	决赛承办院校	现场决赛类组
7 月 17 日—7 月 21 日	铜陵	铜陵学院	数媒设计普通组
7 月 22 日—7 月 26 日	合肥	巢湖学院	数媒设计专业组
7 月 27 日—7 月 31 日	南京	南京农业大学	微课与教学辅助
8 月 01 日—8 月 05 日	南京	南京邮电大学	人工智能 / 数媒设计 1911 年前中华优秀传统文化元素
8 月 06 日—8 月 10 日	福州	福建农林大学	数媒设计动漫游戏
8 月 16 日—8 月 20 日	上海	东华大学	软件应用与开发
8 月 21 日—8 月 25 日	杭州	浙江工商大学	数媒设计中华民族服饰手工艺品建筑 / 软件服务外包
8 月 26 日—8 月 30 日	杭州	浙江音乐学院	计算机音乐创作（普通组 / 专业组）

6.4 国赛现场决赛后的安排

1. 国赛现场决赛结束后获奖作品在大赛网站公示，对有异议的作品，大赛组委会评比委员会安排专家进行复审。

2. 2018 年 10 月由大赛组委会赛务委员会正式公布大赛各奖项，在 2018 年 12 月底前结束本届大赛全部赛事活动。

如有变化，以大赛官网公告和承办赛区通知为准。

第7章
参赛事项

7.1 参赛对象、主题与专业要求

1. 参赛对象

（1）决赛仅限于当年所有在校本科生。

（2）毕业班学生可以参赛，但一旦入围国赛，则参加现场决赛的作者人数必须符合现场决赛参赛要求。

2. 数媒设计类作品参赛主题与专业要求

数媒设计类作品普通组与专业组，以及数媒设计类动漫游戏组的主题均为"人工智能畅想"。

3. 计算机音乐创作类专业要求

计算机音乐创作类分普通组与专业组进行竞赛。

4. 说明

（1）参赛作品有多名作者的，只要有一名作者是属于专业类的，则该作品就必须参加专业组的竞赛。

（2）除了数媒设计类与计算机音乐创作类分普通组与专业组参赛、评比，其他类组作品竞赛参赛对象不分专业。

7.2 组队、领队、指导教师与参赛要求

1. 大赛只接受以学校为单位组队参赛。

2. 参赛名额限制：

（1）2018 年大赛竞赛分为 8 个决赛现场，一个现场决赛的类（组）下设若干小类。大赛内容分类详见第 4 章，决赛现场见第 6 章。

（2）每校初赛后报名参加省级复赛（含跨省级地区复赛）每小类数量不限。

数媒设计类普通组与专业组、数媒设计类动漫游戏组主题均为"人工智能畅想"。

计算机音乐创作普通组与专业组参加省级直报赛区的作品不限，普通组入围国赛每校

参赛作品总数不得多于6件，每校各小类各不得多于3件。专业组每校小类数量不限，入围国赛每校参赛作品总数不得多于6件。

人工智能大赛每校参加省级直报平台作品每小类数量不限。本大类每校最终入围决赛作品总数不多于6件，每小类不多于3件。详见第4章的相关说明。

（3）计算机数媒设计与计算机音乐入围决赛作品总数，每校每个大类（组）不超过6件（计算机音乐创作类按普通组与专业组分别计数，若某校同时参加计算机音乐普通组与专业组，每校总数不多于12件）。

注意：部分类（组）分设普通与专业组参赛，如参赛队员中有任一人属于专业组所在专业，该作品应参加专业组竞赛。

3. 每个参赛队一般可由同一所学校的1～3名学生组成。数媒设计1911年前中华优秀传统文化元素与数媒设计动漫游戏类由1～5人组成，软件服务外包类每队由3～5人组成。

4. 每队可以设置不多于2名指导教师。

5. 一个学生在每大类（或设置现场决赛的组）只能限报一件作品。

6. 一个指导教师在每类（组）中，不能多于指导4件作品，每小类不能多于指导2件作品。

7. 在参加现场决赛中，参赛学生与指导教师，均必须使用实名制，实名以有效的身份证为依据。

8. 参赛作品指导教师原则上不得担任国赛评委。

（1）计算机音乐普通组作品指导教师，不能当普通组评委。若需要，只能当专业组评委。计算机音乐专业组作品指导教师，不能当专业组评委。若需要，只能当普通组评委。若一位教师既当计算机音乐普通组作品指导教师，又当专业组作品指导教师，则不能当计算机音乐类任何组的评委。

（2）参赛作品指导教师原则上不得担任国赛评委。

9. 参加决赛作品的作者，原则上须亲临现场答辩。

（1）参赛队选手必须有不少于50%的成员亲临现场，比如是1、2人的参赛队，至少要有1人到场，3人的参赛队至少要有2人到场；否则要降低作品奖项等级。

（2）选手答辩不能找人替代。没有作者亲临到场参与答辩的作品不计成绩，不发任何奖项。

10. 决赛期间，各校都必须把参赛队成员的安全放在首位。参加决赛现场时，每校参赛队必须由1名领队带领。领队原则上由学校指定教师担任，可由指导教师（教练）兼任。

学生不得担任领队一职。

11. 每校参赛队的领队必须对本校参赛人员（包括自费参赛的学生）在参赛期间的所有方面负全责。没有领队的参赛队不得参加现场决赛。

12. 参赛院校应安排有关职能部门负责预赛作品的组织、纪律监督以及内容审核等工作，保证本校竞赛的规范性和公正性，并由该学校相关部门签发组队参加大赛报名的文件。

13. 学生参赛费用可以由学校与学生共同承担，也可由学生自己承担，原则上应由参赛学生所在学校承担。

学校有关部门要在多方面积极支持大赛工作，对指导教师要在工作量、活动经费等方面给予必要的支持。

7.3 参赛报名与作品提交

1. 通过网上报名和提交参赛作品。

参赛队应在大赛限定期限内参加省级复赛（或跨省地区复赛）或国赛大赛组委会委托的省级直报赛区。

对于使用省级直报赛区进行复赛的，应通过大赛官网上开通的竞赛平台在线完成报名工作，并在线提交参赛作品及相关文件。

各参赛队应密切关注各省级复赛（或跨省地区复赛）、直报平台的报名截止时间及报名方式（2018年3月起大赛官网会有信息陆续披露），以免耽误参赛。

2. 大赛参赛作品应为参加当年大赛（2017年7月—2018年6月）而完成制作，不得使用不在这期间内完成的作品参赛。违者一经发现，取消参赛资格。

3. 参赛作品应遵守国家宪法、有关法律、法规以及社会道德规范。作者对参赛作品必须拥有独立、完整的知识产权，不得侵犯他人知识产权。抄袭、盗用、提供虚假材料或违反宪法或相关法律法规，一经发现即刻丧失参赛相关权利并自负一切法律责任

4. 所有作品播放时长不得超过10分钟，交互式作品应提供演示视频，时长亦不得超过10分钟。

5. "网站设计"小类作品：将于2018年3月15日左右在大赛官网公布代码规范，参赛者需要按此规范编写代码，上传的作品将通过大赛平台自动部署，并主要据此进行评审。作为网站评审的重要因素，参赛者应同时提供能够在互联网上真实访问的网站地址（域名或IP地址均可）。

6. "数据库应用"小类作品：仅限于非网站形式的数据库应用类作品报此类别。凡以网站形式呈现的作品，一律按"网站设计"小类报名。数据库应用类作品应使用主流数据库系统开发工具进行开发。将于2018年3月15日左右在大赛官网公布开发规范，参赛者请按此规范编写代码，上传的作品将通过大赛平台自动部署，并主要据此进行评审。

7. "计算机音乐创作"类作品音频格式为WAV或AIFF（44.1 kHz /16 / 24 bit，PCM。若为5.1音频文件格式，请注明编码格式与编码软件)；视频文件要求为MPEG或AVI格式。

8. 各竞赛类别参赛作品大小、提交文件类型及其他方面的要求，大赛组委会于2018年3月15日前在大赛官网陆续公告，请及时关注。

参赛提交文件要求如有变更，以大赛网站公布信息为准。

9. 在线完成报名后，参赛队需要在报名系统内下载由报名系统生成的报名表，打印后加盖学校公章或学校教务处章，由全体作者签名后，拍照或扫描后上传到报名系统。纸质原件需在参加决赛报到时提交，请妥善保管。

10. 在通过校级预赛、省级复赛（跨省级复赛、全国直报平台赛区）获得参加决赛推荐权后，还应通过国赛平台完成信息填报和核查完成工作，截止日期均为2018年5月31日，逾期视为无效报名，取消参赛资格。

11. 取得参加现场决赛资格后作品的作者、指导教师的姓名、排序，无论何种原因均不得变更。

12. 参加决赛作品的版权由作品制作者和大赛组委会共同所有。参加决赛作品可以分别以作品作者或大赛组委会的名义发表，或以作者与大赛组委会的共同名义发表，或者以作者或大赛组委会委托第三方发表。

7.4 报名费汇寄与联系方式

一、报名费汇款地址及账号

1. 报名费缴纳范围。

（1）参加省级复赛（含跨省复赛）的作品，报名费由省级赛与地区赛组委会收取，请咨询各省级赛（或跨省地区赛）组委会，或关注省级赛（或跨省地区赛）组委会发布的公告。

（2）直接在国赛直报复赛平台报名参赛的竞赛队伍，包括所在省、直辖市、自治区没有举办省级赛或大地区级赛的参赛队伍，及限定类别作品必须在国赛平台直接报名参赛的队伍，或者设有省级赛或大地区级赛但愿意直报国赛省自治区级赛平台参赛院校的作品，应向国赛组委赛务委员会或国赛组委会指定的直报复赛平台组委会缴纳参赛报名费。具体缴纳办法报名时在报名平台公示。

2. 报名费缴纳金额。

无论通过哪个赛区参加预赛，报名费均为每件作品 100 元。报名费发票由收取单位开具和发放。具体办法由各预赛赛区制定。

3. 寄报名费时请在汇款单附言注明网上报名时分配的作品编号。例如，某校 3 件作品的报名费应汇出 300 元，同时在汇款单附言注明"A110011，B220345，C330567"。如作品数较多附言无法写全作品编号，请分单汇出。

二、咨询信息

1. 大赛信息官网：http://www.jsjds.org。

2. 大赛报名平台：2018 年 3 月报名期启动后在大赛官网公示。

3. 各赛区咨询信息：将于 2018 年 3 月起陆续在大赛官网发布。

4. 国赛组委会赛务委员会咨询信箱：booming@jsjds.org。有信必复，原则上不接受电话咨询。

7.5 参加决赛须知

1. 各决赛现场报到与决赛地点、从各赛区所在城市机场、火车站等到达决赛现场的具体线路，请于 2018 年 6 月前查阅大赛网站公告，同时在由承办学校寄发给决赛参赛队的决赛参赛书面通知中注明。

2. 现场决赛流程请查第 9 章作品评比相关内容，及关注大赛官网相关信息。

3. 本届大赛经费由主办、承办、协办和参赛单位共同筹集。大赛统一安排住宿，费用自理。

（1）每件参加现场决赛作品需交参赛费 600 元。

（2）决赛参赛队每位成员（包括队员、指导教师和领队）需交纳赛务费 300 元。

（主要用于参赛人员餐费、保险以及其他赛务开支，如场地、交通、设备、奖牌、证书……）

（3）指导教师和领队为同一人时，只需交一份赛务费。

4. 大赛承办单位应为所有参赛人员投保正式决赛日程期间人身保险（含正常参赛旅程保险）。

5. 住宿安排。

请于2018年6月查阅大赛网站公告或决赛参赛书面通知。

6. 返程车、机票等的订购。

目前火车、飞机等交通工具全部实现实名、联网购票，建议各参赛成员在出发地自行购买返程车票、机票等。

7. 决赛筹备处联系方式。

请于2018年6月查阅大赛网站公告或决赛参赛书面通知。

说明：其他未尽事宜及大赛相关补充说明或公告，请随时参见大赛官网的信息。

附件 1：

2018 年（第 11 届）中国大学生计算机设计大赛
参赛作品报名表式样

作品编号			（报名时由报名系统分配）				
作品分类							
作品名称							
参赛学校							
网站地址			（网站类作品必填）				
作者信息		作者一	作者二	作者三	作者四	作者五	
	姓名						
	身份证						
	专业						
	年级						
	信箱						
	电话						
指导教师 1		姓名		身份证			
		单位		电话		信箱	
指导教师 2		姓名		身份证			
		单位		电话		信箱	
	单位联系人		姓名		职务		
			电话		信箱		
	共享协议		作者同意大赛组委会将该作品列入集锦出版发行。				
	学校推荐意见		（学校公章或校教务处章）2018 年 月 日				
原创声明			我（们）声明我们的参赛作品为我（们）原创构思和使用正版软件制作，我们对参赛作品拥有独立、完整、合法的著作权或其他相关之权利，绝无侵害他人著作权、商标权、专利权等知识产权或违反法令或其他侵害他人合法权益的情况。若因此导致任何法律纠纷，一切责任应由我们（作品提交人）自行承担。 作者签名：1._____ 2._____ 3._____ 4._____ 5._____				
作品简介							
作品安装说明							
作品效果图							
设计思路							
设计重点和难点							
指导老师自评							
其他说明							

著作权授权声明

　　《　　　　　　　　　　　　》为本人在"2018 年（第 11 届）中国大学生计算机设计大赛"的参赛作品，本人对其拥有完全的和独立的知识产权，本人同意中国大学生计算机设计大赛组委会将上述作品及本人撰写的相关说明文字收录到中国大学生计算机设计大赛组委会编写的大赛作品集、参赛指南（指导）或其他相关集合中，自行或委托第三方以纸介质出版物、电子出版物、网络出版物或其他形式予以出版。

授权人：＿＿＿＿＿

2018 年　月　日

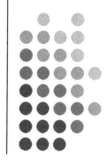

第 8 章
奖项设置

奖项分设个奖项与集体奖项两类设置。

8.1 个人奖项

一、作品奖项

1. 奖项等级

大赛个人奖项设为一等奖、二等奖、三等奖、优胜奖。

2. 获奖基数

（1）有省级赛的，按有效作品总数的 35% 上推到国赛。

（2）没有省级赛的，按省级直报赛区有效作品总数的 35% 上推到国赛。

（3）计算机音乐创作直报赛区、人工智能直报赛区、软件服务外包直报赛区各按参赛有效作品总数的 35% 上推到国赛。

3. 大赛个人奖项的设置比例

（1）一等奖占决赛现场有效参赛作品总数的 7% ~ 10%。

（2）二等奖不少于占决赛现场有效参赛作品总数的 30%。

（3）三等奖不多于占决赛现场有效参赛作品总数的 50%。

（4）优胜奖原则上不多于占有效参赛作品到决赛现场总数的 10% ~ 13%。

（5）在入围决赛作品中，授予国内一流水平的作品。若不具备条件，特等奖可以空缺。特等奖不占获奖基数的名额。

4. 奖项归属

（1）各级获奖作品均颁发获奖证书及奖牌，获奖证书颁发给每位作者和指导教师，奖牌只颁发给获奖单位。

（2）大赛组委会可根据实际参加决赛的作品数量与质量，适量调整各奖项名额。

二、指导教师奖

指导教师是组织大赛参赛作品的具体实施者。有着如下绩效之一者可获得相应等级的指导教师奖。

1. 指导参加国赛作品累计不少于 50 件，可获得三级指导教师奖。

2. 指导参加国赛作品累计不少于 100 件，可获得二级指导教师奖。

3. 指导参加国赛作品累计不少于 150 件，可获得一级指导教师奖。

说明：

（1）若指导作品中发现一件违规作品，需在累计数中扣除 10 件，且不得获取高于二级指导教师奖。

（2）若已获某等级奖项证书，因违规扣除作品累计数后不具备相应获奖证书，需撤销该奖项，追回该相应证书及相应奖励。

（3）具备同一级奖项条件，一人只能获得一次证书。

三、优秀指导教师奖

优秀指导教师不但是组织大赛参赛作品的具体实施者，而且对高质量作品的出现，往往有着特殊的贡献。有着如下绩效之一者可获得相应的优秀指导教师奖。

1. 指导参加国赛作品累计获得不少于 5 个一等奖或 1 个特等奖者，可获得三级优秀指导教师奖。

2. 指导参加国赛作品累计获得不少于 10 个一等奖或 2 个特等奖者，可获得二级优秀指导教师奖。

3. 指导参加国赛作品累计获得不少于 15 个一等奖或 3 个特等奖者，可获得一级优秀指导教师奖。

说明：

（1）若指导作品中发现一件违规作品，需在累计数中扣除 1 个一等奖，且不得获取高于二级优秀指导教师奖。

（2）若已获某等级奖项证书，因违规扣除一等奖累计数后不具备相应获奖证书，需撤销该奖项，追回该相应证书及相应奖励。

（3）具备同一级奖项条件，一人只能获得一次证书。

8.2 集体奖项

可根据参赛实际情况对参赛或承办院校设立优秀组织奖及精神文明奖。

一、年度优秀组织奖

1. 优秀组织奖授予组织参赛队成绩优秀或承办赛事等方面表现突出的院校。

2. 优秀组织奖颁发给满足以下条件之一的单位。如果某单位同时满足以下多项条件，一年中亦只授予一个优秀组织奖：

（1）在本届大赛全部赛区（指各国赛决赛区，不是指省级赛区；下同）累计获得 1 个或 1 个以上特等奖的单位。

（2）在本届大赛全部赛区累计获得 3 个或 3 个以上一等奖的单位。

（3）在本届大赛全部赛区累计获得 8 个或 8 个以上不低于二等奖（含二等奖）的单位。

（4）在本届大赛全部赛区累计获得 12 个或 12 个以上不低于三等奖（含三等奖）的单位。

（5）在本届大赛全部赛区累计获得不少于 16 个（含 16 个）各级奖项的单位。

（6）顺利完成大赛赛事（含报名、复赛评比及决赛评比等）的承办单位。

3. 组织不少于 60% 院校参加大赛的某省级赛的组委会。

二、优秀组织奖（无年度限制）

1. 承办不少于三次国赛现场决赛的单位。

2. 获得不少于 60% 年度的优秀组织奖的单位。

3. 参加所有年度赛事且获得不少于 30% 年度的优秀组织奖的单位。

4. 近三年组织不少于 50% 院校参加大赛的某省级赛的组委会。

5. 近五年组织不少于 30% 院校参加大赛的某省级赛的组委会。

此奖项自 2018 年开始颁发。

三、服务社会公益奖

针对给大赛做出重要贡献的企业，经单位或个人推荐，由大赛组委会组织审核确定，颁发服务公益奖。

说明：

优秀组织奖、精神文明奖、服务社会公益奖只颁发奖牌给学校或企业，不发证书。

第9章
作品评比与评比专家规范

9.1 评比形式

一、参加国赛现场决赛形式

1. 大赛赛事分为三个阶段：一是校级预赛，二是省级（含跨省级或国赛直报平台）复赛（省级选拔赛），三是国赛现场决赛。

2. 根据国赛现场决赛承办点所能承受赛事的规模、各省赛级（复赛）提交进入决赛的作品规模，大赛组委会评比委员会与大赛组委会赛务委员会对各大类（组）确定决赛作品进行宏观处理。

（1）对现场决赛承受规模内的类（组）的作品，选手与指导教师全额进入现场决赛。

（2）对较大超出现场决赛承受规模的类（组），一般采用减少参赛队选手与指导教师数量的办法参加现场决赛，比如1名到2名选手的作品，安排1名到场；3名选手的作品，安排2名到场。1件作品，最多安排1名指导教师到决赛现场。必要时也可按省级赛上推顺序对作品进行截流处理。

二、省级选拔赛推荐国赛决赛名单的确定

1. 各省级（含跨省地区）复赛按规定比例（参见第5章）推荐入围决赛名单，一般可直接进入网上公示环节。但经核查不符合参赛条件的作品（包括不符合参赛主题、不按参赛要求进行报名和提交材料、超出学校报名限额等）不能进入决赛。

2. 设有省（自治区、直辖市）级赛的院校，应通过本省省级赛区途径获得推荐进入决赛资格。

3. 未设省级赛（或地区赛）的省份作品或省级赛（或地区赛）未设置相关类别的作品，可通过国赛大赛组委会设立的省级国赛直报赛区进行报名、经省级直报赛区比赛后，获得推荐进入国赛决赛资格。

三、正式入围国赛现场决赛前国赛资格的审核和复赛复评

对于经省级（含跨省级地区）选拔赛后推荐进入国赛决赛的作品，大赛组委会赛务委员会进行以下工作：

（1）形式检查：对报名表格、材料、作品等进行形式检查。针对有缺陷的报名信息或作品提示参赛队在规定时间内修正。对报名分类不恰当的作品纠正其分类。

（2）上网公示：接受异议和申诉。

（3）专家审核：国赛赛务委员会安排评比专家对公示期有争议的作品进行审核。

（4）计算机音乐创作类作品，由中国传媒大学组织国赛专家组再次进行复赛评审。

（5）人工智能作品由相关组委会组织相关专家评审。

（6）软件服务外包医药组由高校大学计算机课程教指委医药类组织相关专家评审。

（7）软件服务外包企业组由杭州师范大学负责组织相关专家评审。

（8）决赛入围作品公布与通知：公示结束后正式确定参加决赛的作品名单，在大赛网站上公布，并通知参赛院校。

四、国赛现场决赛

现场决赛包括作品现场展示与答辩、决赛复审等环节。

1. 入围决赛队须根据通知按时到达决赛承办单位参加现场决赛。包括作品现场展示与答辩、决赛复审等环节。

2. 参赛选手现场作品展示与答辩。

不同类别作品的作品现场展示与答辩方案可能有所不同，参见各大类组在大赛官网发布的具体决赛评比方案。

（1）没有特别发布具体决赛评比办法的赛区，现场展示及说明时间不超过10分钟，答辩时间不超过10分钟。在答辩时需要向评比专家组说明作品创意与设计方案、作品实现技术、作品特色等内容。同时，需要回答评比专家（下面简称评委）的现场提问。评委综合各方面因素，确定作品答辩成绩。在作品评定过程中评委应本着独立工作的原则，根据决赛评分标准，独立给出作品答辩成绩。

（2）每件作品，需有不小于50%的选手参加决赛现场。

没有选手参加现场答辩的作品，一律视为自动放弃，不颁发任何奖项。

3. 决赛复审。

答辩成绩分类排名后，根据大赛奖项设置名额比例，初步确定各作品奖项的等级。其中各类特、一、二等奖的候选作品，还需经过各评选专家组组长参加的复审会后，才能确定其最终所获奖项级别。必要时，可通知参赛学生参加复审的答辩或说明。

4. 获奖作品公示。

对获奖作品进行公示，接受社会的最后监督。对涉嫌侵权或抄袭的获奖作品，不设时效限制，何时发现，何时处理，并追回所获奖项的证书、奖牌及其他奖励。

9.2 评比规则

大赛评比的原则是公开、公平、公正。

一、评奖办法

1. 大赛组委会评比委员会从通过评比委员会资格认定的专家库中聘请专家组成本届赛事评委会。按照比赛内容分小组进行评审。评审组将按统一标准从合格的报名作品中评选出相应奖项的获奖作品。

2. 大赛所有评委均不得参与本校作品的评比活动。当年有作品参赛的指导教师，不得作为该作品所在类（组）国赛现场决赛区的评委。

3. 对违反大赛章程的参赛队，无论何时，一经发现，视违规程度将对参赛院校进行处罚，包括警告、通报批评、取消参赛资格、获得的成绩无效。

4. 对违反参赛作品评比和评奖工作规定的评奖结果，无论何时，一经发现，大赛组委会不予承认。

5. 由大赛组委会评比委员会组织现场决赛评比出的奖项，需上报大赛组委会经审批确认后才能生效。未经大赛组委会批准，大赛组委会评比委员会不得以任何形式公布评比结果。

二、作品评审办法与评审原则

因大赛决赛所设类组涉及面较为广泛，不同类组可能涉及不同的评审方案。请参赛队关注大赛官网，了解相关类组参赛作品的具体评审办法。

各省级赛（含有跨省地区赛）的评审办法由各赛区参考国赛规程自行确定，但原则上不得与国赛竞赛评比规程相矛盾。

对于没有单独确定评审办法的类组，一般采用本节所述评审方法。

考虑到不同评委的评分基准存在的差异、同类作品不同评审组间的横向比较等因素，初评阶段和决赛阶段的通用评审办法分别如下。

1. 推荐评审法

（1）每件作品初始安排 3 名评委进行评审，每名评委依据评审原则给出对作品的评价值（分别为：强烈推荐、推荐、不推荐），不同评价值对应不同得分。具体分值如下：

强烈推荐，计 2 分。

推荐，计 1 分。

不推荐，计 0 分。

（2）合计 3 名评委的评价分，根据其值的不同分别处理如下：

① 如果该件作品初评得分值不低于 3 分（含 3 分），则进入决赛。

② 如果该件作品初评得分为 2 分，则由初评阶段的复审专家小组复审作品，确定该作品是否进入决赛。

③ 如果该件作品初评得分为 1 分，则由大赛组委会根据已经确定能够入围决赛的作品数量来决定是否安排复评。如果不安排复评，则该作品在本阶段被淘汰，不能进入决赛。如果安排复评，则由初评阶段的复审专家小组复审作品，确定该作品是否进入决赛。

2. 排序评审法

（1）每个评审组的评委依据评审原则及评分细则分别对该组作品打分，然后从优到劣排序，序值从小到大（1、2、3……）且唯一、连续（评委序值）。

（2）每组全部作品的全部专家序值分别累计，从小到大排序，评委序值累计相等的作品由评审组的全部评委核定其顺序，最后得出该组全部作品的唯一、连续序值（小组序）。

① 如果某类全部作品在同一组内进行答辩评审，则该组作品按奖项比例、按作品小组序拟定各作品的奖项等级，报复审专家组核定。

② 如果某类作品分布在多个组内进行答辩评审，由各组将作品的小组序上报复审专家组，由复审专家组按序选取各组作品进行横向比较，核定各作品奖项初步等级。

③ 在复审专家组核定各作品等级的过程中，可能会要求作者再次进行演示和答辩。

（3）复审专家组核定各作品等级后，报大赛组委会批准。

排序评审法一般用于后期阶段的评审。

3. 作品评审原则

（1）评委根据以下原则评审作品：

软件开发：运行流畅、整体协调、开发规范、创意新颖。

数字设计：主题突出、创意新颖、技术先进、表现独特。

音乐创作：主题生动、声音干净、结构完整、音乐流畅。

（2）作品的主题、内容符合要求，报名信息和文档必须完整规范。

（3）决赛答辩阶段，作品介绍明确清晰、演示流畅不出错、答辩正确简要、不超时。

9.3 评比专家组

公开、公平、公正（简称"三公"）是任何一场竞赛取信于参与者、取信于社会的生命线。评比专家是"三公"的实施者，是公权力的代表，在赛事评审中应该体现出应有的风范和权威。有着一支合格的评审团队是任何一个赛事成功的基本保证。

一、评比专家条件

1. 具有秉公办事的人格品质，不徇私枉法。

2. 具有评审所需要的专业知识。

3. 具有不低于副教授（或相当于副教授）的职称，或者在省属重点以上（含省属重点）本科高校工作不少于3年一线教学经验具有博士学历学位的教师，或者在省属重点以上（含省属重点）本科高校工作不少于10年一线教学经验的讲师，或者根据需要具有高级职称企事业单位的技术专家。

4. 除了计算机音乐类外，参赛作品指导教师原则上不得担任评委。

二、评比专家组

1. 评比专家组初评阶段由不少于3名评比专家组成，其中一名为组长。

国赛决赛评审组由5名评比专家组成，设组长1名，副组长1名。

2. 评比专家组宜由不同年龄段、不同地区、不同专长方向的专家组成。

一般来说，年长的教师比较适合更好地把握作品总体方向、结构、思路，以及符合社会需求。中年教师比较合适更好地把握作品紧跟产业发展需求，注重作品的原创性，是否是已有科研课题、项目的移用。青年教师比较合适更好地把握技术应用的先进性。

3. 一个评比专家组中原则上具有不低于副教授（或相当于副教授职称）专家的比例不小于60%。

4. 国赛评比专家组组长、副组长原则上由具有评审经验的教授（或相当于教授职称）的专家担任，也可由具有评审经验的省属重点以上（含省属重点）院校的副教授（或相当于副教授职称）专家担任。

5. 国赛决赛评比专家由国赛组委会评比委员会推荐，国赛组委会聘任。

三、评比专家聘请

评比专家聘请程序：

1. 本人向大赛评比委员会提出申请，或经其他专家向国赛组委会评比委员会推荐。

2. 国赛组委会评比委员会向大赛组委会推荐。

3. 经大赛组委会批准聘用，并颁发评比专家聘书。

说明：

（1）一年中参与多场国赛决赛的评比专家只颁发一次聘书。

（2）省级、校级赛的评审组，可参照国赛评比专家组的组成，由各级赛的组委会自行办理。

9.4　评比专家规范

评比专家必须做到：

1. 坦荡无私，用好公权力，公平、公正对待每一件参赛作品。既不为某个作品的评分进行游说，也不受人之托徇私舞弊。

2. 全程参加评比，在规定时间内报到，包括专家岗前培训会议、现场作品评比，直到参加获奖作品展示、点评，以及颁奖暨闭幕式结束。

3. 注重个人整体形象，进入决赛现场必须佩带评委证，出席评审现场面、开幕式、作品展示点评研讨、颁奖暨闭幕式时，需按大赛统一着装出席。

4. 准时到达答辩现场，不得迟到早退，中途不得无故离场。现场评比期间，不得打瞌睡，不得吸烟，不得戴耳机自我欣赏，不得接听手机及做与评比无关的事。

5. 认真参加评比，认真听取选手的介绍和回答。按照大赛竞赛要求，严格掌握评分标准，以选手及参赛作品的实际水平作为评分的唯一依据，独立评分，不打关系分、感情分，必须公平、公正对待选手的每一件作品。

6. 尊重每一所参赛院校，一视同仁对待各级各类院校。

7. 尊重每一位参赛选手、每一位参赛指导教师及其他评比专家。答辩现场，规范言行，避免影响选手的答辩或其他评比专家的评审。本着关爱选手的态度，对选手要以鼓励为主。对选手提问的主要目的是进一步了解作品情况，问题要明确清晰，不要过于武断或无根据猜测，对选手或作品不得指责，不得与选手产生争执或冲突。不得以任何方式讥讽、嘲笑、戏弄、挖苦选手，不得当场点评选手个人的优缺点及能力，不得议论指导教师水平。

8. 充分尊重选手权益，不得随意缩减选手答辩时间。

9. 各评审组组长和副组长有义务保证竞赛评审的顺利开展，把握评审质量，并参与评审过程的监督，及时发现和纠正评审中出现的不规范问题。

10. 比赛期间，应回避与选手、指导教师、带队教师，以及选手家长与亲朋好友的私下交往，不准接受参赛院校及个人任何形式的宴请和馈赠。

11. 在作品展示研讨阶段的现场点评，要客观、正面、专业，不夸大，不跑题，评价准确，语言精练。

12. 未经大赛组委会授权，不得擅自透露、发布与评审过程及结果有关的信息。

9.5　评比专家违规处理

对违规评比专家，视情节分别作相应的处理：

1. 及时提醒警示。

2. 解除其本届评比专家聘任，并且三年内不再聘请。

3. 其他有助于专家规范操作的处理措施。

第 10 章
获奖作品的研讨

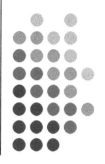

10.1　研讨平台的意义

　　国赛现场决赛的主要环节有两个：一是评出参赛作品奖项的等级，二是获奖典型作品的研讨。

　　获奖典型作品的研讨是参赛师生（包括评比专家）之间，互相交流、互相学习、取长补短提高个人素养与计算机技术应用技能的主要机会，对参赛师生日后创新思想与技能的启发、提高、升华有着重要的意义。

10.2　研讨作品的选定与组织

　　1.　研讨作品由作品评比小组推荐，具有总体水平高、有特色的作品。

　　2.　作品研讨活动放在赛期的第三天下午（14:30—17:30）与第四天上午（8:30—11:30）。

　　3.　一个半天大约研讨 6 个作品，平均一个作品研讨 30 分钟。

　　4.　场所由承办院校提供，研讨活动由现场决赛组委会主持。

10.3　研讨的主要内容

1. 作品作者与指导教师对作品的展示与创作介绍。
2. 研讨会参与师生对作品的评价、质疑与探讨。
3. 评比专家的点评与总结。

10.4　研讨活动的参与对象

1. 作品作者与指导教师。
2. 参赛师生。
3. 观摩者。
4. 评比专家。
5. 研讨活动主持人。

第11章
2017年获奖概况与
2017年获奖作品选登

11.1 2017年（第10届）中国大学生计算机设计大赛优秀组织奖名单

安徽大学	安徽大学江淮学院	安徽师范大学
安徽师范大学皖江学院	安徽新华学院	安徽医科大学
安庆师范大学	北京大学	北京科技大学
北京语言大学	长沙理工大学	成都医学院
重庆大学	大连东软信息学院	大连工业大学
大连科技学院	大连理工大学	大连民族大学
德州学院	东北大学	东华大学
东南大学	福州外语外贸学院	广东外语外贸大学
广西师范大学	广州大学华软软件学院	海南师范大学
汉口学院	杭州电子科技大学	湖北理工学院
华东理工大学	华侨大学	华中科技大学
华中师范大学	怀化学院	淮北师范大学
吉林大学	江西师范大学	解放军第二军医大学
解放军空军工程大学	辽宁对外经贸学院	辽宁工程技术大学
辽宁工业大学	辽宁科技学院	辽宁石油化工大学
南京师范大学	曲靖师范学院	上海财经大学
上海商学院	韶关学院	深圳大学
沈阳工学院	沈阳师范大学	石河子大学
武汉科技大学城市学院	武汉理工大学	武汉体育学院
武警后勤学院	西安电子科技大学	西北大学
西华师范大学	湘南学院	盐城师范学院
运城学院	浙江传媒学院	浙江音乐学院
中国人民大学	中南民族大学	

注：

1. 排名不分先后；

2. 如果某单位多次满足获奖条件，亦只授予一优秀组织奖。

11.2 / 2017年（第10届）中国大学生计算机设计大赛第一、二等奖作品名单

注：按"作品编号"排序

奖项	作品编号	大类	小类	作品名称	参赛学校	作者	指导教师
一等奖	25570	数媒设计动漫游戏组	游戏与交互	喵喵咖啡厅	三峡大学	胡帅 江婉千	王俊英
一等奖	25597	微课与教学辅助	计算机基础应用类	数据结构中希尔排序的分析与应用	石河子大学	易佳昕 徐祥	吴琼
一等奖	25797	数媒设计动漫游戏组	动画	失控	辽宁科技学院	刘春平 王得懿 龚旭	庄奎龙 顾吉胜
一等奖	25838	微课与教学辅助	虚拟实验平台	基于 Unity3D 的船用小型设备基础操作虚拟实验平台	大连海事大学	德洋 苏立臣 盛昊天	朱斌
一等奖	25916	微课与教学辅助	汉语言文学	《九日齐山登高》微课堂——古人的重阳节	辽宁师范大学	朱俊华 贾楠 陈虹	戴心来 刘陶
一等奖	26036	软件应用与开发	Web 应用与开发	剪纸乐园	东南大学	吉轩帆 吴小宝 王鑫	丁筱 陈伟
一等奖	26041	软件应用与开发	移动应用开发（非游戏类）	纸飞机	东南大学	李朝华	陈伟
一等奖	26066	数媒设计普通组	图形图像设计	和谐无价	南京农业大学	尚奇奇 靳宇航 薛冰深	朱淑鑫
一等奖	26197	微课与教学辅助	中小学数学及自然科学	生命的历程——花与果	华中科技大学	刘燕宁 白馨 管紫薇	王朝霞
一等奖	26264	数媒设计专业组	产品设计	室内人宠互动产品设计	沈阳工程学院	王宪庆 刘好奇 吕英平	于皓 蔡学静
一等奖	26330	数媒设计微电影组	数字短片	杆秤·匠心	华中科技大学	董方红 易若彤 赵益玉	胡怡
一等奖	26370	数媒设计专业组	图形图像设计	神奇动物在这里	沈阳城市建设学院	曲晶诚 李佳育 王馨莹	杨建岩
一等奖	26374	数媒设计专业组	图形图像设计	如影随形	沈阳城市建设学院	李哲 陈丽 周佳林	陈禹竹 王玉
一等奖	26478	软件应用与开发	移动应用开发（非游戏类）	新疆中小学汉语课文辅助学习 APP	新疆师范大学	程大雷 赵壮 沈瑞琳	任鸽 杨勇
一等奖	26484	微课与教学辅助	虚拟实验平台	运动学虚拟实验平台	新疆师范大学	阿卜杜赛米·麦麦提 马尔江·玉参 马依尔·图尔迪 麦尔古丽·依尔迪	马致明

奖项	作品编号	大类	小类	作品名称	参赛学校	作者	指导教师
一等奖	26523	数媒设计微电影组	微电影	高山流水	华中科技大学	罗奕琛 梁俊雄 李奕辰	胡怡
一等奖	26583	软件应用与开发	移动应用开发（非游戏类）	智慧安监	南通大学	曹凯博 茅家伟 顾群	陈森博 何海棠
一等奖	26590	软件服务外包	移动终端应用	阿姨来了	南通大学	赵英全 袁智丹 窦祖俊	陈翔 何金凤
一等奖	27026	软件应用与开发	Web应用与开发	聚合支付	大连东软信息学院	杨茜茹 朱文稻 赵建	肖飞 车艳茹
一等奖	27138	微课与教学辅助	中小学数学及自然科学	奇妙的分形	辽宁师范大学	吴婷月 杨郑男	刘陶
一等奖	27349	软件应用与开发	Web应用与开发	方和公益网络健身平台	沈阳建筑大学	万旬 安迪 王世茹	任义 张晶
一等奖	27432	数媒设计专业组	图形图像设计	手的使命	沈阳建筑大学	张诗雯 高琳 黄莹	高品 李刚
一等奖	27448	软件应用与开发	Web应用与开发	网络安全态势感知与资产审计系统	江苏科技大学	董炳希 赵志强 狄新艺	张静 王艳
一等奖	27548	微课与教学辅助	计算机基础应用类	二进制及进制转换——"零一君"与"十朵花"的爱情故事	南京大学金陵学院	陈越 房楼	张沈梅 王玲
一等奖	27937	软件应用与开发	Web应用与开发	面向移动智能设备的Web篮球战术板	沈阳工业大学	刘昕禹 周才人 王琛	邵中 牛连强
一等奖	28057	数媒设计微电影组	纪录片	半壁门东	南京大学金陵学院		蒋晓艳
一等奖	28065	数媒设计专业组	产品设计	光与影——天鹅空气加湿器	安徽大学	陈柳宏 李金枫	岳山
一等奖	28238	微课与教学辅助	计算机基础应用类	人工智能中的深度增强学习	沈阳师范大学	吴晶晶 李翔宇 马洋	邹丽娜 崔荣黎
一等奖	28245	微课与教学辅助	中小学数学及自然科学	简单小型标本的制作	沈阳师范大学	陈明月 张佳鑫 周竞驰	刘冰 王连彦
一等奖	28302	数媒设计微电影组	纪录片	小院里的泥人王	沈阳师范大学	尹岳琦 滕绣 史贝尔	国玉霞 王剑辉
一等奖	28401	微课与教学辅助	计算机基础应用类	Java多线程的创建	江苏开放大学	冯浩然 张凡 倪荣成	赵书安
一等奖	28425	软件应用与开发	Web应用与开发	基于HTML5的Web钢琴	安徽科技学院	周杨扬 刘涵 夏威伟	赵靖 葛华
一等奖	28437	数媒设计中华民族文化组	交互媒体	曾侯遗韵——曾侯乙墓青铜器三维虚拟展示系统	湖北理工学院	王振远 王慈成 李念甫 张旭东	刘满中

奖项	作品编号	大类	小类	作品名称	参赛学校	作者	指导教师
一等奖	28443	数媒设计中华民族文化组	动画	戏说关东糖	湖北工学院	耿志豪 亢艳丽 赵芳	胡伶俐
一等奖	28461	数媒设计微电影组	微电影	明夕何夕	怀化学院	黄敏 邹丽 陈赛君	卢友敏 姚劲松
一等奖	28528	微课与教学辅助	中小学数学及自然科学	千以内数的认识	安庆师范大学	郭震	杜友杉
一等奖	28673	数媒设计专业组	交互媒体	万物居所	皖西学院	沈志辉 马洁莹 杨茂军	金萍
一等奖	28910	数媒设计专业组	数码摄影及照片后期处理	陪伴	安徽大学江淮学院	曹笑笑 黄海燕 顾静	姚瑶 许靖
一等奖	28916	数媒设计动漫游戏组	数字漫画	小女孩的噩梦	安徽大学江淮学院	杨树港 汪洪 何佳慧	权歆昕 姚瑶
一等奖	28922	数媒设计中华民族文化组	图形图像设计	时语之南柯一梦	安徽大学江淮学院	胡恩丽 王丫欢子 王雨晴	闻佳 马小娅
一等奖	28923	数媒设计中华民族文化组	图形图像设计	闽忆园里土楼主题公园	安徽大学江淮学院	梁柜锋 郭菁菁 宛鑫	吴向荣 权歆昕
一等奖	29077	软件应用与开发	管理信息系统	凌志图书管理系统	大连理工大学	吴世哲	姚翠莉 金博
一等奖	29160	数媒设计动漫游戏组	动漫衍生品	白灵	武汉理工大学	李淼森 丛日玉 裴雪莹	周艳
一等奖	29223	微课与教学辅助	中小学数学及自然科学	地球的地质作用	东北大学	江炜琳 潘香羽 汪思达	于端云 谢青
一等奖	29236	微课与教学辅助	中小学数学及自然科学	勾股定理	泰州学院	张力超 姚午 赵玉红	张学茂
一等奖	29256	数媒设计普通组	数码摄影及照片后期处理	替代品	东北大学	王誉 肖杨 刘瀛	霍楷
一等奖	29284	数媒设计动漫游戏组	游戏与交互	盲人与一号盲犬	东北大学	吴嘉琪 谷沮安 崔子源	王英博
一等奖	29288	数媒设计专业组	图形图像设计	和谐	东北大学	陆辰煜 崔曦文 许健圭	李学峰
一等奖	29300	数媒设计专业组	数码摄影及照片后期处理	万物生	东北大学	朱家莹 古德宏 李婉旖	霍楷
一等奖	29348	软件服务外包	移动终端应用	掌上签到	东南大学成贤学院	王揆豪 计俊晨 洪鑫鑫	操凤萍 朱林
一等奖	29368	微课与教学辅助	中小学数学及自然科学	5分钟－了解你的泌尿系统	徐州医科大学	李翔 李巧利 刘正立	姜嘉 王翔宇

49

续表

奖项	作品编号	大类	小类	作品名称	参赛学校	作者	指导教师
一等奖	29407	数媒设计中华民族文化组	动画	"琢·湄映景"畅园建筑场景漫游	东北大学	尤瀚霆 肖天舒 徐鸿飞	霍楷 李宇峰
一等奖	29414	数媒设计中华民族文化组	图形图像设计	唐风华韵·盛世霓裳	东北大学	贾晨第 吴佳怡 赵晨旭	霍楷
一等奖	29453	数媒设计专业组	图形图像设计	赞歌	东北大学	罗肇强 宁宇时 蔺倾程	霍楷
一等奖	29473	数媒设计专业组	图形图像设计	生命礼赞	东北大学	郭鹏飞 郤昜易 罗冻诗	霍楷
一等奖	29498	数媒设计普通组	图形图像设计	生命·和谐	东北大学	蔺倾程 袁梓馨	霍楷
一等奖	29545	数媒设计中华民族文化组	交互媒体	数字博物馆	三江学院	韦晨 李昈 朱成	周志奇 张惠莉
一等奖	29768	软件应用与开发	管理信息系统	高校教师个人教学科研成果管理系统	武汉理工大学	张艳菲 吴昊 赖红彬	江长斌 李宁
一等奖	29889	数媒设计微电影组	数字短片	捏合	南京邮电大学	陈俊伦 王蓉蓉 霍塔	卢锋
一等奖	29937	数媒设计专业组	图形图像设计	当我消失不见	武汉理工大学	苏声 王子为	郑杨硕
一等奖	30077	软件应用与开发	物联网与智能设备	基于物联网的沿海湿地环境监测系统	盐城工学院	高子仪 叶阳 高建军	邵星 王翠蓉
一等奖	30114	软件应用与开发	移动应用开发（非游戏类）	抢车位	辽宁工业大学	宫雷雷 李镭 任玉莹	褚治广 李昕
一等奖	30156	数媒设计专业组	图形图像设计	大脸妹的奇幻之旅	辽宁工业大学	郭泽 华婷婷	王小丽
一等奖	30166	数媒设计专业组	交互媒体	和谐共生	辽宁工业大学	王靖宇 韦佳宏 郭彩云	杨晨
一等奖	30174	数媒设计微电影组	数字短片	绢丝重彩盛唐风	辽宁工业大学	李可欣 岳利滩	刘玩
一等奖	30184	数媒设计动漫游戏组	动画	谁来保护我——穿山甲	辽宁工业大学	葛仁闯 祝嘉辉 宫利曼	赵鹏
一等奖	30331	数媒设计微电影组	数字短片	千年徽韵，魅力剪纸	合肥工业大学（宣城校区）	董昊东 任梦佳 咎轩宇	黄明永 耿晓鹏
一等奖	30404	数媒设计动漫游戏组	数字漫画	同源共生	东北大学	赵正莹 王钡曼 昌进	霍楷
一等奖	30804	数媒设计专业组	图形图像设计	人与动物和谐相处——保护动物原创涂鸦插画	南京晓庄学院	范昊财禄	李金 王乐

奖项	作品编号	大类	小类	作品名称	参赛学校	作者	指导教师
一等奖	31111	数媒设计动漫游戏组	游戏与交互	环游历险之心二意	湖北理工学院	余琛 李琛	吕璐 倪波
一等奖	31167	数媒设计动漫游戏组	动画	眼镜与狗	安徽师范大学	吴鑫	孙宏峰 单峰
一等奖	31356	软件应用与开发	Web应用与开发	天网——基于区块链技术的电子证照平台	中南财经政法大学	涂智潇 李紫薇 袁钺	屈振新
一等奖	31383	数媒设计中华民族文化组	交互媒体	百越服志——金秀瑶服	北京服装学院	欧阳剑 何佳敏 徐晶	熊红云 刘正东
一等奖	31457	数媒设计动漫游戏组	动画	人情马	中南民族大学	周镇康 李宇航 高志鹏	陈建强
一等奖	31473	数媒设计微电影组	纪录片	旺嘟	中南民族大学	房欣 潘雪晴 朱劲	吴涛
一等奖	31483	微课与教学辅助	计算机基础与应用类	失而复得——U盘文件误删恢复方法及原理	中南民族大学	尤志兵 田野 樊世勋	万力勇 魏晓燕
一等奖	31486	微课与教学辅助	中小学数学及自然科学	伤口的愈合	中南民族大学	许梦 龚新琳 何姗姗	魏晓燕 万力勇
一等奖	31489	软件应用与开发	管理信息系统	ADam——基于深度学习的视频评价与智能决策系统	武汉大学	杨伊迪 朱忠宇	江聪世 黄建忠
一等奖	31521	数媒设计动漫游戏组	数字漫画	"军犬"豆豆养成记	解放军电子工程学院	张敬雄 杨金辉	姜越 朱灿伟
一等奖	31545	数媒设计微电影组	纪录片	末艺	池州学院	朱洪星 杨兆 何禹歆	刘贵梅 王国瑞
一等奖	31631	数媒设计普通组	产品设计	AR儿童日历	武汉体育学院	陈苗 谢劲奥 杨丽媛	茅洁 张宾
一等奖	31906	微课与教学辅助	计算机基础与应用类	《搞好关系三部曲》——关系数据库的三个范式	华中师范大学	辛若雯 张文霄 高静雯	杨九民 杨琳
一等奖	31907	微课与教学辅助	计算机基础与应用类	小视则大智慧——初探蚁群算法	华中师范大学	陈鑫 戴晨艳	杨琳
一等奖	31951	数媒设计微电影组	微电影	不忘初心	吉首大学	戴城乡 李婕 向晓岚	杨波 麻明文
一等奖	31955	数媒设计微电影组	数字短片	高山流水见知音	华中师范大学	赵小雅 张嫒媛 汪腾浪	赵肖雄
一等奖	31974	数媒设计中华民族文化组	动画	《彩》——楚漆器纹样在创意实验动画中的应用与研究	华中师范大学	李智 管凯 廖世聪	何宇

51

奖项	作品编号	大类	小类	作品名称	参赛学校	作者	指导教师
一等奖	32210	软件服务外包	移动终端应用	3D电子积木	华北理工大学	韩金钺 尹豆 苏慧航	刘亚志
一等奖	32243	软件服务外包	物联网应用	武陵山片区物流服务管理平台	怀化学院	张泽旭 罗超 朱凌轩	赵嫦花 姚紫红
一等奖	32286	软件服务外包	其他	基于混合交通的最佳出行方案规划系统	湖南中医药大学	姜泽琛 匡康明 刘显玉	刘伟 梁杨
一等奖	32293	软件服务外包	物联网应用	基于物联网技术的智慧会展监管系统	华中师范大学	郭霁宇 张昶 杜媛媛	杨青 姚华雄
一等奖	32336	数媒设计专业组	交互媒体	VR马戏团交互游戏	华侨大学	开米雪 吴育淞 白武广	王华珍
一等奖	32343	数媒设计动漫游戏组	游戏与交互	动物联萌	华侨大学	何嘉涛 张超阳 谢忠宗	柳欣
一等奖	32359	数媒设计中华民族文化组	交互媒体	基于VR的国家级非遗传承平台——以提线木偶为例	华侨大学	开米雪 吴育淞 欧信飞	王华珍
一等奖	32446	软件服务外包	电子商务	定制化虚拟样板间	中南财经政法大学	周威 张慧玲 张怡天	屈振新 杨璠
一等奖	32547	软件应用与开发	物联网与智能设备	智慧大棚	江西理工大学应用科学学院	张轩 陈谷洋 刘洋	邓达平 邓小鸿
一等奖	32769	软件应用与开发	物联网与智能设备	智能出行盲杖	长沙理工大学	邹颖叙 张峰 何健伟	熊兵
一等奖	32963	软件服务外包	大数据分析	"析影"电影大数据分析系统	广东外语外贸大学	陈戈 陈晓婷 方莹莹	蒋盛益
一等奖	33216	数媒设计微电影组	纪录片	华言之韵——方言	吉林华桥外国语学院	王诗语 朱梦瑶 杨馥格	王菲菲 梁燕
一等奖	33234	软件应用与开发	管理信息系统	蜂鸟速递——智能无人机物流管理平台	江西师范大学	戴梦轩 张艳 黎地忠	龚俊
一等奖	33251	软件应用与开发	移动应用开发(非游戏类)	兼果壳——大学生快速兼职平台	江西师范大学	熊炎 杨雨鑫 熊涛	彭雅丽
一等奖	33326	微课与教学辅助	汉语言文学	雁门太守行	武警后勤学院	张昊琮	杨依依 程慧
一等奖	33327	数媒设计中华民族文化组	图形图像设计	瓦影猫语	云南民族大学	包珂睿 杨王小成 李秋蓉	蒲羽

奖项	作品编号	大类	小类	作品名称	参赛学校	作者	指导教师
一等奖	33337	微课与教学辅助	汉语言文学	女书	北京体育大学	金莹 李珈瑜	刘正
一等奖	33476	数媒设计动漫游戏组	动画	林中鸟	通化师范学院	袁野 张思雨	李汕沐
一等奖	33569	软件应用与开发	Web应用与开发	基于数据挖掘的教学评价系统	北京科技大学	赵吉彤 武健宇 邵瑞航	武岩 屈薇
一等奖	33591	微课与教学辅助	计算机基础应用类	聪明的小灯	北京科技大学	王蕾祺 樊婧 卢总合	万亚东 李莉
一等奖	33595	微课与教学辅助	计算机基础应用类	从分数看包育贪心算法	北京科技大学	李奥星 李晓翠 沈一佳	李新宇 黄晓璐
一等奖	33600	微课与教学辅助	汉语言文学	孔雀东南飞之赋比兴手法赏析	北京科技大学	雷玉婷 朱炜 李妍	屈薇 李新宇
一等奖	33773	数媒设计普通组	交互媒体	物种物语	云南警官学院	王诗颖 王楠瑜	郭红怡 殷启新
一等奖	33775	数媒设计普通组	图形图像设计	相知	周口师范学院	王小卉 李若岩	张锦华
一等奖	33919	数媒设计普通组	图形图像设计	童趣	中华女子学院	魏玮 廖缘	乔希 李岩
一等奖	34052	数媒设计动漫游戏组	动画	回家	宁波大学	项珍珍 杨梅 李蓉	邢方
一等奖	34208	软件应用与开发	管理信息系统	城市之眼	同济大学	梁海伦 韦锦 崔航	王睿智
一等奖	34242	软件服务外包	大数据分析	基于关键区域的良好驾驶技术挖掘与评价系统	重庆大学	李嘉敏 杨智凯 程小桂	曾令秋
一等奖	34263	软件应用与开发	移动应用开发（非游戏类）	馨莹	重庆大学	张佳程 卢维波 张盛璐	张程
一等奖	34339	数媒设计微电影组	微电影	等风来	福州外语外贸学院	张勋 许谋	庄立文
一等奖	34439	数媒设计中华民族文化组	动画	彩云之南 魅力村寨	云南财经大学中华职业学院	尹格 周英 吴肖	王良 刘昶孜
一等奖	34441	数媒设计微电影组	数字短片	"春"见陌晚	北华大学	于博 王振明 原嘉信	刘爽 王立国
一等奖	34473	微课与教学辅助	中小学数学及自然科学	chemjoy学园	华东师范大学	关钰千 陈宁 尹一冰	蒲鹏 戴存君
一等奖	34517	微课与教学辅助	虚拟实验平台	喷油泵虚拟实验平台	北京大学	杜欢 袁鑫群 贺增峰	庞钦存 孙艳
一等奖	34522	软件应用与开发	Web应用与开发	基于机器学习的空气质量 PM2.5 分析与预测系统	上海开放大学	王锐 刘磊廷	王磊

奖项	作品编号	大类	小类	作品名称	参赛学校	作者	指导教师
一等奖	34534	计算机音乐（普通）	视频音乐	The Blooming Sea——基于体感交互的响应式音画互动装置	江南大学	李全颖 麦家桑 郝思正	虞跃峰 陆菁
一等奖	34536	软件应用与开发	移动应用开发（非游戏类）	煤矿虚拟应急普开采系统	河南理工大学	李保锟 李建镖 张永杰	安藏鹏
一等奖	34540	软件应用与开发	移动应用开发（非游戏类）	玩转工程制图	河南理工大学	陈柯瑶 李舂璞	侯守明 魏锋
一等奖	34624	微课与教学辅助	计算机基础与应用	没那么难，也不简单——初识 C 语言指针	重庆三峡学院	蔡劚鹏 李鑫鑫	罗卫敏
一等奖	34658	数媒设计普通组	图形图像设计	折褙	德州学院	辛会 刘琰瑛 路平平	王村山 董升
一等奖	34715	数媒设计普通组	交互媒体	海豚小站	上海商学院	明凤 仲静茹	刘富强 许洪云
一等奖	34727	数媒设计中华民族文化组	交互媒体	衣韵	上海商学院	王文超 黄锋	徐继红 李智敏
一等奖	34894	软件应用与开发	物联网与智能设备	智慧云安防	上海师范大学天华学院	许亚峰 卢懿凡 刘斤培	周丽媛 刘彩燕
一等奖	34943	数媒设计中华民族文化组	图形图像设计	中华大协素	福建工程学院	田嘉文 邹远 杨柳青	武志军 邱志荣
一等奖	35037	软件应用与开发	物联网与智能设备	基于物联网大数据应用的智能车位共享平台	上海师范大学天华学院	赵相崇 丁童心 姚睿宇	邱欣黄 许晓洁
一等奖	35135	数媒设计微电影组	纪录片	记忆重庆	重庆大学城市科技学院	曾培鑫	邵文杰 王丽
一等奖	35212	软件应用与开发	物联网与智能设备	可移动式智能垃圾箱	德州学院	丁帅曾 张帅 洪传奇	张俊亮 王丽丽
一等奖	35273	数媒设计动漫游戏组	动画	共处	浙江传媒学院	江毅 马春鑫	柳执一
一等奖	35312	软件应用与开发	Web 应用与开发	i-acupuncture	解放军第二军医大学	姚乃心 罗怡平 张秉哲	郑备
一等奖	35313	软件应用与开发	移动应用开发（非游戏类）	医院院内三维导航智能服务系统	解放军第二军医大学	鲁晋方 杨心月 陈业浩	郑备

奖项	作品编号	大类	小类	作品名称	参赛学校	作者	指导教师
一等奖	35315	数媒设计中华民族文化组	交互媒体	梦醒时分—在那遥远的地方	解放军第二军医大学	陈文进 郭明明 吴昊远	郑备
一等奖	35322	微课与教学辅助	虚拟实验平台	基于虚拟现实技术的人体解剖和手术实验平台	解放军第二军医大学	胡星 严均益 孔维诗	郑备
一等奖	35329	软件应用与开发	Web应用与开发	"洞察"漏洞风险监测工具	重庆邮电大学移动通信学院	徐滔屿 方雯玲 谭成浩	张陈 陈仲华
一等奖	35454	微课与教学辅助	中小学教学及自然科学	弧度制之圆心角、弧长、圆的半径三者之间的关系初探	西华师范大学	李玉芳 罗佳情 刘汾	熊华 谭伦华
一等奖	35487	数媒设计动漫游戏组	动画	蛇·笛	西北大学	任呢喃	温雅
一等奖	35511	数媒设计专业组	图形图像设计	橘子和她的小黑猫—表情包	西北大学	唐成旭 汪子欣	温雅
一等奖	35525	数媒设计普通组	数码摄影及照片后期处理	守·望	成都医学院	张亚琴 李贾钊 雷仁国	杨勇 任伟
一等奖	35535	数媒设计中华民族文化组	动画	弘扬羌族文化—羌寨神话故事手游	成都信息工程大学	朱慧群 钟以琛 阎欢	吴琴 陈海宁
一等奖	35580	软件服务外包	移动终端应用	走呗	成都大学	杨子皓 张馨月 杨馨茹	张修军 熊丽娟
一等奖	35592	微课与教学辅助	中小学教学及自然科学	补体系统的溶菌作用	川北医学院	皮宇豪 徐忠云	刘正龙
一等奖	35593	数媒设计微电影组	纪录片	传承者	西北民族大学	王阳 张一鸣 陆毅	王玉 唐仲娟
一等奖	35608	微课与教学辅助	汉语言文学	趣味称谓	深圳大学	林丽燕 邵欢 李嘉慈	程国雄
一等奖	35617	数媒设计中华民族文化组	交互媒体	风雨雨楼	深圳大学	张智 林卓权 伍尚滔	曹晓明 田小煦
一等奖	35618	软件应用与开发	移动应用开发（非游戏类）	Weco课堂	深圳大学	洪东虹 刘天伊	廖红
一等奖	35620	微课与教学辅助	汉语言文学	羊续悬鱼	深圳大学	曾志平 罗子健 路晓鹏	涂相华
一等奖	35621	数媒设计中华民族文化组	图形图像设计	潮汕知英	深圳大学	林涵青 赵怡然 丘传欣	余晓宝
一等奖	35623	数媒设计普通组	交互媒体	一条导盲犬的使命	深圳大学	黄可欣 李杨贝贝	张永和

续表

教项	作品编号	大类	小类	作品名称	参赛学校	作者	指导教师
一等奖	35643	数媒设计专业组	产品设计	"触摸灵魂" 濒危野生动物夜灯	西北工业大学明德学院	吕禾知 葛义祯	冯强 白珍
一等奖	35841	计算机音乐（普通组）	原创歌曲	梦，远方	浙江传媒学院	仪人元 孟晋羽	唐佳丽
一等奖	35882	数媒设计中华民族文化组	图形图像设计	祥龙九子日用品设计	成都大学	王静贤	王靖劲
一等奖	35884	数媒设计普通组	图形图像设计	无地自容	广东外语外贸大学	徐俊华 张钰茹	陈仕鸿
一等奖	35971	软件应用与开发	物联网与智能设备	基于物联网的无人船控制系统	广州大学华软软件学院	赖俊委 岑佳童	刘雪花
一等奖	35982	数媒设计动漫游戏组	动画	没有杀戮	广州大学华软软件学院	钟方溪 占金鑫 李锐杰	唐增城 梁志歌
一等奖	36027	计算机音乐（普通组）	视频音乐	翱翔	中国人民解放军海军航空大学	杜振恺 张博恒 徐瑞	王丽娜 张杰
一等奖	36067	软件应用与开发	移动应用开发（非游戏类）	基于物联网的仓库安全监测系统	西南民族大学	苏国庆 刘鑫宇 曾登苑	罗洪 杜诚
一等奖	36075	计算机音乐（普通组）	原创歌曲	错步	大连理工大学	黄逸歆 杨远美 王晓惠	姚翠莉 金博
一等奖	36144	软件服务外包	物联网应用	云叶自助打印终端机	中国人民大学	杨文清 宗巍阳 盛天阳	焦敏 周小明
一等奖	36194	计算机音乐（专业组）	视频音乐	口无遮拦	中国传媒大学	盛鄢尔	王铉
一等奖	36195	计算机音乐（专业组）	视频音乐	错	浙江音乐学院	侯智鹏	段瑞雷 黄晓东
一等奖	36199	计算机音乐（普通组）	原创歌曲	乌鸦	辽宁石油化工大学	高嘉仪 于钧宇 成承哲	金万成 王宇彤
一等奖	36240	数媒设计动漫游戏组	动画	何处惹尘埃	厦门理工学院	胡木子 谢同豪 唐鑫	杨东 牛雪彤
一等奖	36242	数媒设计微电影组	微电影	松脂灯	厦门理工学院	叶星铄 苏雅文 申鑫	刘景福 江南
二等奖	25533	微课与教学辅助	计算机基础与应用类	图表的表达力	新疆大学科学技术学院	麦皮丁·麦海提 周博文	金强山 冯光

奖项	作品编号	大类	小类	作品名称	参赛学校	作者	指导教师
一等奖	25564	微课与教学辅助	计算机基础与应用类	DHCP（动态主机配置协议）的工作原理	喀什大学	闫岭岭 张军	王文龙
二等奖	25576	数媒设计普通组	交互媒体	不要让一切都成为记忆	新疆医科大学	尹哲	田翔华
二等奖	25582	数媒设计微电影组	微电影	质拙之艺·喀什土陶	喀什大学	杨志高 孔伟红 刘超	杨昊 朱洁
二等奖	25583	数媒设计微电影组	微电影	千年丝路魅力喀什	喀什大学	艾合麦提托合提·图尔迪巴柯 马忠林 阿卜杜拉力克·托合提巴柯	杨玉桂 杨昊
二等奖	25588	软件应用与开发	Web应用与开发	基于数据挖掘的山洪灾害监测数据展示与决策系统	湖南农业大学	刘豪炜 龚梦星	刘波
二等奖	25595	微课与教学辅助	计算机基础与应用类	Excel的图表求解最短路径问题	石河子大学	赵紫葳 刘天烨 胡正文	李志刚
二等奖	25598	微课与教学辅助	中小学数学及自然科学	鸡兔同笼（双语版）	石河子大学	王顺香 肖文晴 田景丽	鱼明
二等奖	25609	数媒设计中华民族文化组	图形图像设计	新疆地标图形几何模块研究	石河子大学	谭香 白焕玉 张馨雨	刘人果 孙婷
二等奖	25619	软件应用与开发	管理信息系统	科技项目评审管理系统	石河子大学	张宁 王鹏飞 谷苏港	于宝华 李志刚
二等奖	25646	微课与教学辅助	中小学数学及自然科学	小学数学辅助教学课件	大庆师范学院	张媛 亲曼 蒋微微	赵秀华 胡海洋
二等奖	25663	数媒设计中华民族文化组	动画	新疆亚克西之一——帽缘	新疆财经大学	张云燕 钱天铭 仲悦	王思秀
二等奖	25671	数媒设计普通组	图形图像设计	陪伴	海南师范大学	程云舟 蒋雅宁 熊秀萍	罗志刚
二等奖	25712	微课与教学辅助	汉语言文学	奇妙的象形字	湖北师范大学	肖玉琴 柳小君	徐海霞
二等奖	25745	数媒设计普通组	图形图像设计	和谐共存	沈阳体育学院	宋子辰 李雅娜	孙立刚 姚瑶
二等奖	25747	微课与教学辅助	计算机基础与应用类	解密"图层蒙版"	沈阳体育学院	周璇 张淑君 戴志鑫	张珠琳
二等奖	25754	软件应用与开发	管理信息系统	基于高校教师绩效管理系统——精于算筹	哈尔滨学院	郭加康 朱睿杰 高洪日	王克朝 王知非
二等奖	25772	数媒设计普通组	数码摄影及照片后期处理	寒冬暖意	辽宁科技学院	陶鑫辉 杨浩 杜德华	卢志鹏 李辽辉

续表

奖项	作品编号	大类	小类	作品名称	参赛学校	作者	指导教师
二等奖	25777	微课与教学辅助	中小学数学及自然科学	3D 打印	辽宁科技学院	廉贺成 李春波	杨志强 任宏
二等奖	25805	数媒设计中华民族文化组	图形图像设计	中国建筑民族标志	辽宁科技学院	李天舒 马进昌 王李娜	张伟东
二等奖	25810	数媒设计微电影组	微电影	戏逐	辽宁科技学院	易东 甘汶鑫 林鹭雨	孙炽昕 杨欣
二等奖	25817	数媒设计专业组	数码摄影及照片后期处理	洗澡	辽宁科技学院	朱洛其 马昕竹	孙炽昕 刘佳
二等奖	25867	数媒设计普通组	图形图像设计	平起平坐	辽宁科技大学	胡庸 陈小静	袁平 王瑞
二等奖	25891	软件应用与开发	Web应用与开发	单位招聘管理系统	沈阳农业大学	胡开越 赵祖会 李筹	李竹林 王振
二等奖	25904	软件应用与开发	Web应用与开发	会爬数的代码	沈阳城市学院	刘实 张萌萌 施洪亮	郭鸣宇
二等奖	25920	数媒设计专业组	交互媒体	基于VR眼镜和智能手机的石河子大学动植物馆全景互动展示导航系统	石河子大学	张健 焦海峰 杨小陇	肖志强
二等奖	25950	微课与教学辅助	汉语言文学	《题西林壁》Flash 课件	沈阳城市学院	曹原 周思雨 李莹莹	吴欣怡
二等奖	25974	软件应用与开发	物联网与智能设备	健康保镖	海南师范大学	刘诗敏 陈宁 余绪杭	曹均阔 李育涛
二等奖	25997	软件服务外包	电子商务	阿姨来了——一家政 O2O 系统	大连理工大学软件学院	王子贤 赵佳伟 王力田	路慧
二等奖	26002	数媒设计动漫游戏组	游戏与交互	The Wolf of Forest	海南师范大学	罗敏青	邓正杰
二等奖	26005	数媒设计动漫游戏组	游戏与交互	3D 键客动物缘	海南师范大学	徐卓 周彤 王路	张瑜 郭剑品
二等奖	26006	微课与教学辅助	计算机基础应用类	AR—梦幻般的现实	海南师范大学	姜威 蒋雅宁 袁琪	罗志刚 邱泽辉
二等奖	26017	微课与教学辅助	计算机基础应用类	走进表情包世界	海南师范大学	黄楠楼 姜京丽 田金梅	罗志刚 蒋文娟
二等奖	26021	数媒设计普通组	图形图像设计	小甲历险记	海南师范大学	尚琳琳 何丹丹 刘妍慧	冯义东
二等奖	26038	软件应用与开发	Web应用与开发	芒果云	东南大学	王佳卓 冯淼 李朋原	李美军
二等奖	26039	软件应用与开发	移动应用开发（非游戏类）	追影——青年约拍社交平台	东南大学	黄鑫晨 兰威 申皓月	
二等奖	26040	软件应用与开发	移动应用开发（非游戏类）	食行记	东南大学	贾良楠 崔颖华	瞿玉庆
二等奖	26044	微课与教学辅助	汉语言文学	烟雨朦胧 梦回江南	东南大学	沃媛 徐呈豪 王宇啸	张天来

奖项	作品编号	大类	小类	作品名称	参赛学校	作者	指导教师
二等奖	26052	数媒设计动漫游戏组	动画	守护者	东南大学	张嘉琦 丁岳鹏	杨武
二等奖	26058	数媒设计中华民族文化组	交互媒体	Roaming	东南大学	宋柠 孙豪 黄文超	帅立国 李骏扬
二等奖	26079	软件应用与开发	移动应用开发（非游戏类）	农连通	沈阳农业大学	慎伟康 王兴龙 周梦凯	李竹林 许童羽
二等奖	26157	软件应用与开发	移动应用开发（非游戏类）	热点签到高校签到系统	长沙理工大学	樊星辰 那张煜 张子超	彭玉旭 柳宇燕
二等奖	26187	数媒设计动漫游戏组	游戏与交互	手中世界	南京信息工程大学	彭可兴 于浚哲 隋秀章	韩帆 陈曦
二等奖	26195	数媒设计动漫游戏组	动漫衍生品	我们	沈阳工学院	白婧娴 宋林珊 那湘怡	郑成阳 寇大巍
二等奖	26196	数媒设计动漫游戏组	动漫衍生品	游友记	沈阳工学院	卜雅兰 赵俊然 罗孟月	郑成阳 寇大巍
二等奖	26210	数媒设计普通组	图形图像设计	万象汇	沈阳工学院	隋佳儒 庄佳龙 王茗钊	冯暖 高冲
二等奖	26249	数媒设计中华民族文化组	交互媒体	赫图阿拉古城古城修复	沈阳工学院	张紫晖 孙懿 贾永坤	胡德强 郑重
二等奖	26254	数媒设计微电影组	数字短片	人生如戏·变脸	沈阳工学院	董润 霍梦瑶 陈鑫	焦馨熔 佟建军
二等奖	26258	数媒设计微电影组	微电影	国画传奇	沈阳工学院	崔云开 吴建锋 夏元明	唐羽
二等奖	26263	数媒设计专业组	产品设计	Drifter——流浪之家	沈阳工学院	周希聪 武青华 王莹	陈沐言 于皓
二等奖	26265	数媒设计专业组	产品设计	守护者	沈阳工学院	闫震 贾天宇 徐楠	蔡学静 陈沐言
二等奖	26271	数媒设计专业组	图形图像设计	动物保护协会推广设计	沈阳工学院	郑佳煜 张晨东 唐诗雯	寇大巍 郑成阳
二等奖	26272	数媒设计动漫游戏组	交互媒体	It Starts Here——濒危动物大洲历险记	华中科技大学	王诗旭 李冰霖	王朝霞
二等奖	26277	数媒设计中华民族文化组	动画	进化？	南京信息工程大学	蔡慧雯 陆小祥	韩帆 陈曦
二等奖	26282	数媒设计中华民族文化组	交互媒体	"一泾抱幽山，居然城市间"——留园录	华中科技大学	钟泠 韩雪 张恩嘉	王朝霞

续表

奖项	作品编号	大类	小类	作品名称	参赛学校	作者	指导教师
二等奖	26289	微课与教学辅助	汉语言文学	唐诗说	沈阳工学院	高诗涵 罗倩 王业伟	郭媛媛 于斐玥
二等奖	26290	微课与教学辅助	计算机基础与应用类	神奇的世界——catia	沈阳工学院	李鹏飞 陈萱姣	刘剑南 那雪姣
二等奖	26302	微课与教学辅助	中小学数学及自然科学	地球的圆圈舞	沈阳工学院	云药菲 牟佳辉 刘宇佳	于斐玥 郭媛媛
二等奖	26341	数媒设计中华民族文化组	动画	墨卷——民族建筑频胜	中国药科大学	封顼 卢泓佳	杨帆 赵贵清
二等奖	26348	微课与教学辅助	中小学数学及自然科学	植物的光合作用	新疆财经大学	田晨晨 陈雪颖	王思秀
二等奖	26366	数媒设计中华民族文化组	图形图像设计	藏族服饰	沈阳城市建设学院	孙珠琳	杨越茗
二等奖	26387	微课与教学辅助	汉语言文学	妙趣横生，中华诗词知多少？比义手法	哈尔滨师范大学	郭涵玉 宋明珂	何立晖 常骧
二等奖	26399	数媒设计动漫游戏组	游戏与交互	逐梦动物园	南京大学	殷嘉俊 张玉	张洁 黄达明
二等奖	26412	数媒设计普通组	图形图像设计	尊以和，调以谐	南京大学	邓淳元 丁一素	张莉 张萍
二等奖	26434	微课与教学辅助	中小学数学及自然科学	6 min 带你认识希腊字母	南京大学	牛庆林 欧阳鸿宇	张萍 陶烨
二等奖	26438	数媒设计微电影组	数字短片	针尖上的舞者	华中科技大学	王珏蕴 吴欣蕊 杜欣伟	邓秀军
二等奖	26439	数媒设计微电影组	纪录片	匠心箫缘	华中科技大学	刘宗玄 邱梦莹 刘浪	邓秀军
二等奖	26440	数媒设计微电影组	微电影	昭君出塞	华中科技大学	苑嘉轩 徐亚男	邓秀军
二等奖	26449	微课与教学辅助	中小学数学及自然科学	食物在体内的旅行	华中科技大学	窦喆 罗振鸿 卢思奇	李敏 王朝霞
二等奖	26457	数媒设计中华民族文化组	动画	布达拉宫的故事	华中科技大学	徐含璐 余苗苗 段菌菌	王朝霞
二等奖	26461	数媒设计微电影组	数字短片	守护方正	华中科技大学	关若琳 樊俊 方权泽	邓秀军

奖项	作品编号	大类	小类	作品名称	参赛学校	作者	指导教师
一等奖	26470	微课与教学辅助	计算机基础与应用类	S66E超外差式调幅收音机的焊接与调试	塔里木大学	李文镭 刘笑影 彭万顺	邹梦丽 王建平
一等奖	26482	微课与教学辅助	中小学数学及自然科学	认识直线、线段和射线	新疆师范大学	王凤一	王建虎
一等奖	26483	微课与教学辅助	虚拟实验平台	多语种光学虚拟实验平台	新疆师范大学	阿卜杜热伊木·图尔荪 马艺杰 图尔荪·图尔荪	马致明
一等奖	26488	数媒设计动漫游戏组	动画	风雪一家人	新疆师范大学	于明洋 张路路 郭智超	王炜 蒲卫国
一等奖	26494	数媒设计中华民族文化组	图形图像设计	中国时间——二十四节气图案设计	鞍山师范学院	王浩达 吴莺莺 詹振明	王菲
一等奖	26503	软件应用与开发	Web应用与开发	基于Web环境的矢量图形编辑器	新疆医科大学	李永生 张涛 邹慧琳	森干 石永芳
一等奖	26516	微课与教学辅助	汉语言文学	古诗词《送杜少府之任蜀州》鉴赏	大连财经学院	李斯远 郭鹏成 孙美莹	孙爱婷 王洪艳
一等奖	26520	数媒设计中华民族文化组	交互媒体	皇城的眼睛	华中科技大学	鄢冬妮 刘彦辰 赵彦宁	王朝霞
一等奖	26525	数媒设计中华民族文化组	图形图像设计	访阁记	华中科技大学	刘佳馨 耿路路 李卓菲	朱忠娟 陈隋
一等奖	26541	数媒设计中华民族文化组	动画	春江花月夜	南京信息工程大学	常可依	金含 韩帆
一等奖	26544	微课与教学辅助	计算机基础与应用类	跟数学维语之说走走的旅行	新疆艺术学院	陈奕皓 陈义宽 冯玉安	朱雪莲
一等奖	26546	数媒设计动漫游戏组	动画	雨燕	华中科技大学	刘骏宏 朱杰 王沁雪	朱志娟 陈雪
一等奖	26550	数媒设计专业组	数码摄影及照片后期处理	盖亚和她的孩子们	新疆艺术学院	袁流君	朱雪莲
一等奖	26562	软件服务外包	物联网应用	基于WSN的智能餐具回收服务机器人	无锡太湖学院	刘淼 龚柯瑶 唐梦溪	程智明 朱智
一等奖	26565	软件应用与开发	物联网与智能设备	互联网+智能宿舍管理系统	南京航空航天大学金城学院	孙小俊 秦兴杰 郝本坤	隋雪莉 冈岗芳

续表

奖项	作品编号	大类	小类	作品名称	参赛学校	作者	指导教师
一等奖	26571	软件服务外包	移动终端应用	益助社区	苏州大学	张赟杰 王顺 田涓霞	胡沁涵 杨季文
一等奖	26574	数媒设计专业组	产品设计	小蜜，你的智能新家——针对澳大利亚清翔鼠类居住空间设计	江南大学	王笑寒 葛超宇	陆菁 章立
一等奖	26603	数媒设计动漫游戏组	动画	Rabbit's Hope	中国药科大学	任翱宇	杨帆 赵贵清
一等奖	26614	数媒设计专业组	图形图像设计	计算机图形图像设计——互换的"爱"	新疆大学	张慧	闫文奇 马铭骏
一等奖	26623	软件应用与开发	移动应用开发（非游戏类）	掌上工大	沈阳工业大学	姚云飞 梁建辉	杜洪波
一等奖	26624	软件应用与开发	移动应用开发（非游戏类）	圆计划	沈阳工业大学	付国	邵虹
一等奖	26650	软件应用与开发	移动应用开发（非游戏类）	基于安卓的快递抢单应用——Deliver	南京航空航天大学	张俊东 陈俊帆 李继鹏	邹睿然
一等奖	26655	软件应用与开发	Web应用与开发	校园教务助手	新疆财经大学	佘邵博 吴泽永 徐泽乾	闵东
一等奖	26665	软件应用与开发	Web应用与开发	会议室预约管理系统	苏州大学	王俊 陈石松 马亮	杨哲
一等奖	26669	软件应用与开发	移动应用开发（非游戏类）	"校易通"大学生综合服务APP	淮海工学院	史祥平 吴生涛 杨淇洪	施珺 陈艳艳
一等奖	26686	数媒设计动漫游戏组	动画	原来是你	湖南女子学院	蒋辉 陈湘铌 邹颖	蒋科峰 万玺
一等奖	26775	数媒设计中华民族文化组	交互媒体	世界遗产国家级重点文物保护单位《克孜尔千佛洞》虚拟旅游桌面系统	新疆大学	阿里木江·艾力 菲鲁鲁·艾来提 张璇	阿里甫·库尔班
二等奖	26777	软件应用与开发	移动应用开发（非游戏类）	望尘追迹	新疆大学	张蕴璐 朱雨婷 王鹏素	赵楷 廖媛媛
二等奖	26783	软件应用与开发	管理信息系统	昌吉州精准扶贫信息管理与决策支持系统的设计与实现	新疆大学	李国荣 余露 沈江浩	蔡继伟
二等奖	26849	微课与教学辅助	中小学数学及自然科学	勇士军团·体液免疫	沈阳医学院	杨光陆 周柏初	黄和 蔡洪涛
二等奖	26864	数媒设计普通组	数码摄影及照片后期处理	一吻还缘	大连民族大学	胡雨珠 余正婷 吕佳平	王楠
二等奖	26873	数媒设计专业组	数码摄影及照片后期处理	人鲸之恋	大连民族大学	陈南青	李文哲
二等奖	26902	微课与教学辅助	计算机基础与应用类	Excel中IF函数的使用方法	沈阳医学院	孙铭泽 隋亮	崔丽 关涵

奖项	作品编号	大类	小类	作品名称	参赛学校	作者	指导教师
一等奖	26905	软件应用与开发	管理信息系统	常见呼吸系统疾病管理信息系统	哈尔滨商业大学	刘岩 张岩 李越	赵世杰 张晓荣
一等奖	26912	数媒设计微电影组	微电影	药圣本草记	沈阳医学院	刘胜雨 陈晓源 张悦	蔡洪涛 全景梁
一等奖	26913	微课与教普辅助	虚拟实验平台	医学影像微机原理虚拟实验仿真平台	沈阳医学院	姜祯育 黄鹤来	蔡涛 黄和
一等奖	26918	数媒设计普通组	交互媒体	Like We Do	沈阳医学院	于海珍 姜祯育	崔丽 刘致放
一等奖	26921	数媒设计动漫游戏组	游戏与交互	蝶梦	大连民族大学	李云容 温雪峰 朱艳雯	何加亮 韩桂英
一等奖	26937	数媒设计中华民族文化组	图形图像设计	古船及建筑创作	大连民族大学	张晓杰 杨磊	张传龙 杨玥
一等奖	26976	数媒设计普通组	交互媒体	我想为你	南京医科大学	孙汉垚 邱妍 谢祯晖	丁贵鹏 胡晓雯
一等奖	26990	数媒设计中华民族文化组	图形图像设计	宝岛之光	大连工业大学	李雨倩 刘云杰	栾海龙 纪杨
一等奖	26994	软件应用与开发	Web应用与开发	"云端上的健康" ——大学生健康管理系统	南京医科大学	张荣鑫 刘嘉羽 张静	胡杰 赵杨
一等奖	27051	数媒设计普通组	数码摄影及照片后期处理	挚友	大连工业大学	徐远博 姜日旭 张焕慈	郁玲 孙洪斌
一等奖	27065	数媒设计普通组	数码摄影及照片后期处理	小人国里的猫	南京医科大学	苏丽丽 余嘉俐 洪罗嫒	王建芬 许学洋
一等奖	27073	数媒设计专业组	产品设计	天天识动物	大连东软信息学院	王京 刘原原桁	李婷婷 姜涛
一等奖	27107	软件应用与开发	Web应用与开发	计算机算法课程网站	塔里木大学	彭川 马宾 林泽雨	李旭
一等奖	27122	数媒设计中华民族文化组	动画	锦"绣"良"源"	辽宁师范大学	杨燕茹 白艾迪	丁男
一等奖	27135	微课与教普辅助	中小学数学及自然科学	不平静的地球	辽宁师范大学	吴雨桐 李凡 蔡金欣	刘丹 刘陶
一等奖	27137	微课与教普辅助	中小学数学及自然科学	人类认识地球及运动的历史	辽宁师范大学	冯歆茹 张蕾 陈宇晴	孙洪亮 乔冬

奖项	作品编号	大类	小类	作品名称	参赛学校	作者	指导教师
一等奖	27143	数媒设计微电影组	纪录片	光影艺术	哈尔滨商业大学	崔永刚 初洋	韩雪娜 陆莹
一等奖	27149	软件应用与开发	Web应用与开发	青义在行动——外贸义工站	辽宁对外经贸学院	鲍科羽 王洪敏 刘帅	吕洪林 裴志华
一等奖	27164	数媒设计普通组	交互媒体	物竞天择 共同生存	辽宁对外经贸学院	武梦瑶 张萌 李雪	吕洪林 关雪梅
一等奖	27182	数媒设计专业组	图形图像设计	不忘初心 赠心瑚心	辽宁对外经贸学院	王祖豪 曹天阳 邓美超	任丽莉 沈真波
一等奖	27188	软件服务外包	移动终端应用	基于 Android 平台的考研助手——研帮会	南京师范大学	罗怡君 杨叶博 严浩	姜乃松
一等奖	27255	数媒设计动漫游戏组	动画	故乡	沈阳化工大学	王锦宏 尚书伟 周世通	郭仁春
一等奖	27323	软件服务外包	移动终端应用	停车宝APP	沈阳理工大学	王言麟 贾松林 成永平	程磊 李爱华
一等奖	27397	软件服务外包	移动终端应用	丝路之旅	江苏科技大学	宁秋怡 杜珅镇 马文	温大勇 景国良
一等奖	27403	软件应用与开发	物联网与智能设备	基于 M2M 的云风阀控制器	江苏科技大学	沙闰 王文斌 孙梦婷	张笑非 钱萍
一等奖	27419	数媒设计专业组	图形图像设计	一生	沈阳建筑大学	崔晓翔 何姝静 王思齐	杜利明 王凤英
一等奖	27450	数媒设计专业组	交互媒体	狼来了	哈尔滨工业大学	姜鸿川 孙万强 任毅	胡郁 原松梅
一等奖	27453	数媒设计动漫游戏组	游戏与交互	你是我的眼	江苏科技大学	郑潇滨 徐大勇 刘必淳	温大勇 朱霞
一等奖	27454	数媒设计中华民族文化组	交互媒体	谁在收藏中国	江苏科技大学	郑潇滨 徐大勇 王雅迪	温大勇 王艳
一等奖	27456	数媒设计普通组	产品设计	神奇动物课堂	沈阳建筑大学	高天 高睿 毛盈盈	片锦香 王守金
一等奖	27474	软件服务外包	人机交互应用	AR智能交通行车辅助应用	淮阴工学院	颉正本 李锐	高尚兵 陈晓兵
一等奖	27478	微课与教学辅助	计算机基础与应用类	PPT竟能这么酷！	淮阴工学院	李乾 李文婷	朱好杰 王留洋
一等奖	27479	软件服务外包	电子商务	AR购	江苏科技大学	梁吉超 吴茂佳 李康	张明 温大勇

奖项	作品编号	大类	小类	作品名称	参赛学校	作者	指导教师
一等奖	27482	软件服务外包	健康医学计算	智慧中医健康平台	南京中医药大学	黎钰晖 高桂春 刘震	胡晨骏 胡云
一等奖	27581	软件应用与开发	Web应用与开发	在线无人机协同作业管理系统	黄山学院	许智龙 余镇宇	张坤 胡伟
一等奖	27582	软件应用与开发	Web应用与开发	Minecraft游戏用户支持平台	黄山学院	范辰华 王倩 陈韵竹	张坤 宫骏鸣
一等奖	27640	数媒设计微电影组	数字短片	大美徽州	黄山学院	彭林 栗慧慧 沈梦成	坚斌 方婷婷
一等奖	27642	数媒设计微电影组	数字短片	走进徽州	黄山学院	张仁国 高安 张超	郝银华 曲晓红
一等奖	27745	软件应用与开发	移动应用开发（非游戏类）	掌上生活	辽宁工程技术大学	魏鹏 窦融 苏皓	温廷新
一等奖	27747	软件应用与开发	移动应用开发（非游戏类）	智能快递盒子	辽宁工程技术大学	孔菁泽 王佳铭 李天聪	齐向明 王英博
一等奖	27748	数媒设计微电影组	纪录片	金陵剪纸记	南京大学金陵学院	华蕙 曹超凡 尹俊男	常宇峰 糜东晓
一等奖	27816	数媒设计微电影组	数字短片	有方	安徽工程大学	王鑫蕾 梁嫒慧	陈军 康英
一等奖	27871	软件应用与开发	物联网与智能设备	语音互动式智慧花盆系统	滁州学院	高全全 许振荣 高金鹏	温卫敏 张巧云
一等奖	27898	软件应用与开发	Web应用与开发	基于微信公众号的请假系统	南京师范大学泰州学院	任正肖 韩潇 蔡全煋	周游 张国华
一等奖	27939	软件应用与开发	Web应用与开发	淘校园	沈阳工业大学	赵港 赵猛 张磊	于霞
一等奖	27943	数媒设计普通组	图形图像设计	换位	大连东软信息学院	王冰 赵建昌	刘晓航
一等奖	28072	微课与教学辅助	汉语言文字	《念奴娇·赤壁怀古》风格赏析	安徽大学	李慧劳 孙旃 杨航	吕萌 饶伟
一等奖	28083	数媒设计微电影组	纪录片	雕刻时光	安徽大学	孟良 洪皓 褚子雯	饶伟
一等奖	28097	数媒设计动漫游戏组	动画	兽衣	安徽大学	孙诗雨 杨雪 韩利君	施俊 刘勇
一等奖	28104	软件应用与开发	Web应用与开发	集梦创业交流平台	江苏师范大学科文学院	彭志星 朱荷秋 袁野	刘志昊 韩伟

奖项	作品编号	大类	小类	作品名称	参赛学校	作者	指导教师
一等奖	28146	软件服务外包	人机交互应用	智能视频摘要检索系统	江苏理工学院	徐金溪 刘珺 朱金铭	范洪辉 朱洪锦
一等奖	28180	数媒设计微电影组	纪录片	古城千古情	沈阳工学院	柏云鹏 赵正晴 刘英伦	赵云鹏
一等奖	28200	微课与教学辅助	中小学数学及自然科学	透镜看世界	安徽医科大学	刘沁雪 姚晓炜 查放	吴泽志
一等奖	28205	数媒设计普通组	图形图像设计	和谐的力量	安徽医科大学	刘玲玲 何柳婷	吴泽志
一等奖	28207	数媒设计普通组	图形图像设计	SOS!	安徽医科大学	汪薇 肖雪莹	吴泽志
一等奖	28214	数媒设计普通组	数码摄影及照片后期处理	目睹白鸽，拥抱自然	安徽医科大学	张皓雪 张思成 刘玉尧	杨飞
二等奖	28246	微课与教学辅助	中小学数学及自然科学	购物	沈阳师范大学	贾婧 徐响 孙小鑫	宋倬 王娜
二等奖	28262	软件服务外包	其他	会议管理系统	沈阳师范大学	董萍萍 赵前 朱腾	屈巍 李航
二等奖	28278	软件应用与开发	移动应用开发（非游戏类）	东北粮网 APP	沈阳师范大学	李明泽 华佳 任杉杉	毕靖 赵楚
二等奖	28284	数媒设计动漫游戏组	动画	The Cat	沈阳师范大学	张开平 陈明月 栾建佳	石雪飞 国玉霞
二等奖	28295	数媒设计普通组	交互媒体	既然相爱，何必伤害	沈阳师范大学	高佳艺 杨亚军	王伟 刘守仁
二等奖	28313	微课与教学辅助	虚拟实验平台	战场无人机虚拟仿真训练系统	中国人民解放军陆军军官学院	刘鹏飞 吕洋淋 韩昊东	左丛菊 徐国明
二等奖	28316	微课与教学辅助	虚拟实验平台	基于 Unity3D 的某种导弹发射车打击敌方目标的情景演示	中国人民解放军陆军军官学院	修俞廷 张靖云 崔锡鑫	史国川
二等奖	28318	微课与教学辅助	虚拟实验平台	某 R 型便携式地空导弹仿真训练系统	中国人民解放军陆军军官学院	姜小孟 吴江波 周建任	左丛菊 吕承强
二等奖	28328	软件应用与开发	移动应用开发（非游戏类）	I'm here!——人员去向管理系统	中国人民解放军陆军军官学院	喻祥亮 马鲜明 杭程	周游 束凯

奖项	作品编号	大类	小类	作品名称	参赛学校	作者	指导教师
二等奖	28329	数媒设计中华民族文化组	交互媒体	一抹蓝色，绽放千年	沈阳师范大学	韩晓兰 周路 王美惠	王剑辉 薛峰
二等奖	28333	数媒设计专业组	图形图像设计	共舞	沈阳师范大学	袁宏丽	罗慧 高松
二等奖	28336	软件应用与开发	移动应用开发（非游戏类）	行走日志 lite	中国人民解放军陆军军官学院	杨子彦 张微萱	徐国明 鲁磊纪
二等奖	28342	数媒设计专业组	数码摄影及照片后期处理	乌山守望者	沈阳师范大学	黄江伟 陶院颖 景欣	刘哲 吴祥恩
二等奖	28355	微课与教学辅助	汉语言文学	诗词传承者之浅探对仗	安徽医科大学	汪家琛 郭云云 王颖	吴泽志
二等奖	28357	微课与教学辅助	计算机基础与应用类	图的深度优先遍历	怀化学院	皮小艳 张鑫 汤业怡	叶青
二等奖	28360	微课与教学辅助	中小学数学及自然科学	辣些事	怀化学院	莫柳菁 张娴静 詹娟	高艳霞 唐鹏举
二等奖	28361	微课与教学辅助	中小学数学及自然科学	旅行到地球内部	怀化学院	黄小芳 江宏 肖琼	杨夷梅 杨军
二等奖	28396	微课与教学辅助	汉语言文学	《声声慢 寻寻觅觅》——宋词中的音律美	江苏开放大学	罗亚茜 薛婉情 冯元	范宇 赵书安
二等奖	28397	微课与教学辅助	计算机基础与应用类	PPT 超链接的交互应用	江苏开放大学	张英杰 窦刘桂 王锡凡	范宇
二等奖	28399	数媒设计普通组	交互媒体	大魂	中国人民解放军陆军军官学院	钱帝尼 张凤钦 陈建	周游 王海军
二等奖	28400	微课与教学辅助	计算机基础与应用类	神奇的缩放	江苏开放大学	邱冬 姚珊 吴昊	范宇 赵书安
二等奖	28407	数媒设计普通组	数码摄影及照片后期处理	陪伴	怀化学院	李自成 周泽宇 李盘	高艳霞 唐鹏举
二等奖	28415	数媒设计专业组	图形图像设计	有一个故事	怀化学院	曹斐斐	余蓑芳 卢友敏
二等奖	28436	数媒设计中华民族文化组	交互媒体	寻梦牡丹亭——《牡丹亭》场景三维数字化复原与虚拟展示系统	湖北理工学院	王文静 李祎祯	刘满中
二等奖	28445	数媒设计动漫游戏组	动画	企鹅寻子记	湖北理工学院	许田君 蔡睿雪 杨卓	胡伶俐
二等奖	28466	数媒设计微电影组	纪录片	沉有正兮	怀化学院	何欣颖 廖明慧 周云荣	高艳霞 唐鹏举
二等奖	28472	数媒设计动漫游戏组	动漫衍生品	怀柔归化	怀化学院	陈利华 王康	余蓑芳 李晓梅

续表

奖项	作品编号	大类	小类	作品名称	参赛学校	作者	指导教师
二等奖	28475	数媒设计中华民族文化组	图形图像设计	韵	怀化学院	朱琳 张玉光 王晟源	黄嘉曦 刘琼
二等奖	28523	软件应用与开发	物联网与智能设备	基于人工智能的生态农业系统——桑基鱼塘	安庆师范大学	梁旭 屠伟伟 徐海燕	施赵媛 汪文明
二等奖	28533	微课与教学辅助	汉语言文学	桃花源记	安庆师范大学	郭为 王启元 赵琳蓉	江伟 刘家祥
二等奖	28534	数媒设计普通组	图形图像设计	家	安庆师范大学	王安 方升	孙青松 王广军
二等奖	28552	微课与教学辅助	中小学数学及自然科学	气体外交部	安徽大学	杨瑞婷 李莹 段楠楠	王块冰
二等奖	28569	数媒设计动漫游戏组	数字漫画	北极熊之乐	安徽师范大学	彭程琼 王启文	王广军 方中政
二等奖	28571	数媒设计动漫游戏组	数字漫画	梦幻森林	安徽师范大学	梁玉 毛香霭 徐婷	江健生 江伟
二等奖	28587	数媒设计动漫游戏组	数字漫画	Nice To Meet You	安徽大学	周语 刘璇 姚君识	王美颂
二等奖	28590	数媒设计中华民族文化组	交互媒体	青花瓷博物馆	安庆师范大学	蔡磊 李星星 黄山	王广军 江健生
二等奖	28610	微课与教学辅助	虚拟实验平台	虚拟物理实验	安徽师范大学	章良 乙从辉 胡雁丰	王广军 丁晓贵
二等奖	28629	微课与教学辅助	中小学数学及自然科学	X博士的科学世界——小孔成像	安庆大学	李淼 朱笑妍 甘泉	岳山
二等奖	28654	数媒设计动漫游戏组	游戏与交互	象由心生	安徽大学	刘梧嘉 巫昭阳 周洁	舒坚
二等奖	28670	数媒设计中华民族文化组	动画	遇见乌镇——水中的西栅	皖西学院	谢颖 陈雪艳 吴玥	谢轩 孙海玲
二等奖	28682	数媒设计专业组	图形图像设计	印花	南京航空航天大学金城学院	赵哲妍	徐永顺
二等奖	28704	数媒设计中华民族文化组	动画	宏村记忆	皖西学院	柏刘海 胡羽佳 张芮琪	谢轩 孙海玲
二等奖	28719	数媒设计普通组	数码摄影及照片后期处理	携手万物生灵	大连科技学院	魏明亮 鲁贺鹏	王佳 陈晨
二等奖	28724	数媒设计普通组	图形图像设计	Friendship	大连科技学院	董瑞豪 张倡	陈晨 王立娟
二等奖	28726	数媒设计普通组	图形图像设计	动物去哪啦	大连科技学院	倪祎丽 高子凡 俞琳	隋涛丽 徐春明

奖项	作品编号	大类	小类	作品名称	参赛学校	作者	指导教师
二等奖	28736	数媒设计微电影组	数字短片	凤凰·印记	怀化学院	胡娇 唐凤英 陈法	陈志辉 黄隆华
二等奖	28771	数媒设计专业组	数码摄影及照片后期处理	形影不离	安徽理工大学	王娜娜	张玉
二等奖	28839	软件应用与开发	Web应用与开发	教育信息一体化	安徽信息工程学院	蔡鹏飞 杨行 王鹏飞	翟世臣 伍洋
二等奖	28875	数媒设计微电影组	数字短片	水墨 天女散花	安徽信息工程学院	李淑婷 吴昊 焦清清	陈倪 吴靖
二等奖	28881	软件服务外包	大数据分析	民航机票代理市场的分析及可视化	安徽信息工程学院	李德钊 周胜男 林金鹏	翟世臣 戴平
二等奖	28900	数媒设计专业组	图形图像设计	共栖创意素食餐厅虚拟现实VR图像化设计	安徽大学江淮学院	张亚 张有芳 王超	马小娅 闻佳
二等奖	28901	数媒设计专业组	图形图像设计	朋友的倾诉	安徽大学江淮学院	张自纲 李冉 陈张戎	马小娅 闻佳
二等奖	28909	数媒设计专业组	数码摄影及照片后期处理	疯狂动物城	安徽大学江淮学院	汪欣 杨洋 王敏芳	姚瑶 马小娅
二等奖	28911	数媒设计专业组	数码摄影及照片后期处理	依存温度	安徽大学江淮学院	曹亚星 刘新宇 史梦亭	吴向葵 权敏昕
二等奖	28915	数媒设计动漫游戏组	数字漫画	创意衍生	安徽大学江淮学院	李金霞 程玉洁 袁小勤	马小娅 闻佳
二等奖	28917	数媒设计动漫游戏组	数字漫画	生辰 花	安徽大学江淮学院	凤心蕊 程萌 曹梦琦	姚瑶 王功
二等奖	28934	软件应用与开发	移动应用开发（非游戏类）	掌管淮师——移动智慧校园服务平台	淮北师范大学	汤金梦 程涛 朱啸宇	乙从才 李想
二等奖	28954	微课与教学辅助	计算机基础运用与应用	AE特效之时间重映射	淮北师范大学	何鑫 钱健 方维	张豪 宋万千
二等奖	28967	数媒设计微电影组	微电影	勿议	淮北师范大学	程继伟 吴彪 韩书梦	王涵 闻波
二等奖	28972	数媒设计微电影组	微电影	泥·途	淮北师范大学	吴昊凡 张慧 伍晨旭	王涵 曹磊

续表

奖项	作品编号	大类	小类	作品名称	参赛学校	作者	指导教师
一等奖	28973	数媒设计微电影组	微电影	墨之衍	淮北师范大学	王志 丁杰 慈兆靓	宋万干 曹磊
一等奖	29008	微课与教学辅助	虚拟实验平台	图书馆人馆教育平台	淮阴师范学院	朱梦琪 申皓宁 杨慧	申小春 黄立冬
一等奖	29040	数媒设计普通组	图形图像设计	生有期	安徽科技学院	束家亮 胡良锐	郭静 王伟
一等奖	29043	软件应用与开发	移动应用开发（非游戏类）	消防设施点便捷巡查系统	安徽工业大学	张初刚 周航 马俊峰	纪滨
一等奖	29044	数媒设计专业组	交互媒体	HELLO！	武汉理工大学	梅心悦 邓丰慧 向俊任	罗颖
一等奖	29052	软件应用与开发	Web 应用与开发	万卷书	武汉理工大学	柳军领 张泽晗 吴成琦	王红霞
一等奖	29055	数媒设计微电影组	纪录片	徽州的消逝	南京大学金陵学院	顾嘉欣 周嘉瑜 黎竹	严芳
一等奖	29070	数媒设计微电影组	微电影	桃花渡	大连理工大学	严越 孙玥 庞序韬	姚翠莉
一等奖	29116	数媒设计动漫游戏组	游戏与交互	守卫者	武汉理工大学	姜鸿飞 韩昫 杨缰稻	秦珀石 彭德巍
一等奖	29135	软件服务外包	物联网应用	智能排油烟机	安徽工业大学	江文奇 任佳豪 苏冻涛	李芳
一等奖	29144	数媒设计微电影组	数字短片	何以为漆	武汉理工大学	邵务兵 吴卓钰 顾唯钰	熊文飞
一等奖	29154	数媒设计专业组	图形图像设计	落笔为和—人与动物物奏曲	武汉理工大学	王瑞 王万欣	李民
一等奖	29177	软件应用与开发	管理信息系统	高校智能限事系统	武汉理工大学	宋琳 王健铭 罗伊晗	江兴斌 鄢丹
一等奖	29197	软件应用与开发	移动应用开发（非游戏类）	基于 Wi-Fi 的室内定位与跟踪系统	盐城师范学院	王劳 武康康 冯川沙	王创伟 余祥
一等奖	29199	软件应用与开发	移动应用开发（非游戏类）	掌上签到系统	盐城师范学院	郭城 许仁益 梅丽娜	周向华 俞湘琳
一等奖	29202	软件服务外包	物联网应用	老人行为状态监测系统	盐城师范学院	江泉龙 谢梦颖 丁一鸣	朱立才 杨浩
一等奖	29217	微课与教学辅助	汉语言文学	木兰花开—《木兰诗》的赏析与学习	东北大学	张萌 胡祎硕 黎星佐	喻春阳
一等奖	29220	微课与教学辅助	计算机基础与应用类	RPG 游戏地图生成	盐城师范学院	贡辅伟 李朝震 潘依乐	张辉 丁向民
一等奖	29225	数媒设计微电影组	微电影	演出	盐城师范学院	邢树宜 屠张雷 高若宇	董健 张德成
一等奖	29226	数媒设计微电影组	微电影	角落里的星星	盐城师范学院	路彤 孙颖莹 杨发彩	李尧 姚永明
一等奖	29228	微课与教学辅助	中小学数学及自然科学	中学数学立体几何辅学课件	东北大学	钟圳伟 苏卓	谢青

奖项	作品编号	大类	小类	作品名称	参赛学校	作者	指导教师
一等奖	29233	数媒设计普通组	图形图像设计	守护天使	盐城师范学院	徐奎 张万杰 吴海桐	徐春明 李高林
一等奖	29237	数媒设计普通组	图形图像设计	雏鸟留情	盐城师范学院	李婷婷 章康 刘星辰	董健 徐春明
一等奖	29242	数媒设计专业组	图形图像设计	"物"转"心"移	盐城师范学院	计音成 邢宇 郁钦	张辉 贾娜
一等奖	29247	数媒设计普通组	图形图像设计	和·殇	东北大学	刘伊宁 崔家华	霍楷 李宇峰
一等奖	29248	数媒设计动漫游戏组	动画	鹤之女孩	盐城师范学院	陈溆稼 金宇 吴静艳	张辉 贾娜
一等奖	29252	数媒设计动漫游戏组	游戏与交互	奇妙的朋友	盐城师范学院	何陆香 刘梦姣 何诚	丁向民 张辉
一等奖	29260	数媒设计动漫游戏组	动画	大卫和维克多	东北大学	朱家莹 古德宏 李婉漪	霍楷
一等奖	29262	数媒设计动漫游戏组	动画	献给你的花朵	东北大学	李泽坤 高夔曼 李雨萌	谢青
一等奖	29270	数媒设计动漫游戏组	数字漫画	春生	东北大学	高菡悦 韦雪淞	霍楷
一等奖	29273	软件应用与开发	物联网与智能设备	Alice 智能管家	沈阳航空航天大学	杨天瑞 常远星 罗航	孙伟东
一等奖	29280	软件服务外包	移动终端应用	掌上作业	沈阳航空航天大学	吴思毅 周万家 刘曦中	任宏 汪正刚
一等奖	29301	数媒设计专业组	交互媒体	Home	东北大学	米长巍 陆贵行 刘子豪	谢青
一等奖	29303	数媒设计普通组	交互媒体	The Way Back Home（归途）	东北大学	仲崇朔 杨智东 李搏洋	谢青 于瑞云
一等奖	29317	数媒设计专业组	产品设计	智能宠物自动喂食机	大连大学	吴志维 王一瑾	李淑娴 张铁成
二等奖	29334	数媒设计专业组	产品设计	宠物互动装置	大连大学	张淑娟 朱瑞 冯晓晨	贾卫平 张铁成
二等奖	29384	数媒设计专业组	图形图像设计	共享地球	南京邮电大学	黄良慧	申灵
二等奖	29403	数媒设计专业组	图形图像设计	和	苏州科技大学	谢可昕	陈卫东
二等奖	29404	数媒设计专业组	图形图像设计	假如你和我一样	苏州科技大学	刘彤楽 乐子妍 宣永刚	陈卫东
二等奖	29419	软件应用与开发	管理信息系统	矿井通风系统安全可靠性评价软件	辽宁石油化工大学	李阳 王睿希 王琳	李楠 孙峰

续表

奖项	作品编号	大类	小类	作品名称	参赛学校	作者	指导教师
二等奖	29431	数媒设计动漫游戏组	游戏与交互	Go out, rubbish!	辽宁石油化工大学	郝建业 李玲玲 潘海涛	刘金义 王宇彤
二等奖	29432	数媒设计中华民族文化组	图形图像设计	衣香鬓影之盛青华裳	东北大学	魏荣 张煜思 王艳敏	霍楷
二等奖	29435	数媒设计中华民族文化组	交互媒体	风舞凰城：虚拟现实交互系统	东北大学	费子昂 张誉巍 杨明贤	谢青
二等奖	29442	数媒设计微电影组	纪录片	匠心钧魂	东北大学	杜若冰 张一杰 谷宇飞	霍楷
二等奖	29446	数媒设计动漫游戏组	数字漫画	空间	东北大学	范雅琼 曹子璇 董子威	樊丁宜
二等奖	29449	软件应用与开发	移动应用开发（非游戏类）	掌上准师	淮阴师范学院	窦媛媛 孙其勇 董方	李宗花
二等奖	29452	数媒设计中华民族文化组	图形图像设计	京韵千秋	东北大学	昌进 张含笑 朱豪堂	周琢 荣姗姗
二等奖	29481	微课与教学辅助	汉语言文学	阮郎归·初夏	安徽师范大学皖江学院	徐建芹	
二等奖	29501	数媒设计专业组	产品设计	酉椅	大连工业大学艺术与信息工程学院	史含令	毛洋
二等奖	29544	数媒设计专业组	数码摄影及照片后期处理	一路甜蜜	安徽师范大学皖江学院	周涛	沈玲玲 孙亮
二等奖	29554	数媒设计中华民族文化组	动画	一树菩提—烟霞	辽宁石油化工大学	孟菲 王俊力 陈思伊	魏海平 王宇彤
二等奖	29556	微课与教学辅助	汉语言文学	半壁明朝霞——《答萧建》赏析	辽宁石油化工大学	孟菲 陈思伊 王俊力	孙小平 王宇彤
二等奖	29564	数媒设计动漫游戏组	数字漫画	守护	辽宁石油化工大学	葛一男 石岩松 沙金磊	王宇彤 于红绯
二等奖	29666	软件应用与开发	管理信息系统	客户关系管理信息系统	武汉科技大学城市学院	陈龙 祝扬	周凤丽 林晓丽

奖项	作品编号	大类	小类	作品名称	参赛学校	作者	指导教师
二等奖	29671	数媒设计中华民族文化组	图形图像设计	指尖时节	安徽师范大学皖江学院	李娜 李亚杰 李利利	周琢 荣姗姗
二等奖	29679	数媒设计动漫游戏组	游戏与交互	趣卡AR	武汉科技大学城市学院	罗伟凯 傅艳娟 王亮亮	江伟 杨华勇
二等奖	29700	数媒设计普通组	图形图像设计	白海	辽宁石油化工大学	高劲松 崔钰杰	韩云洋 刘培胜
二等奖	29729	软件服务外包	移动终端应用	大连海鲜直供平台的开发与运营	大连东软信息学院	张美娟 张辛 荣蓉	赵振国
二等奖	29733	软件服务外包	大数据分析	基于人工智能的金融行业舆情大数据可视化分析平台	大连东软信息学院	于书皓 潘婷 徐伟	付丽梅
二等奖	29735	数媒设计微电影组	微电影	各爷的沉默	辽宁大学	李栎林 何金蔓 孙洋	王志宇 何荣伟
二等奖	29741	数媒设计微电影组	纪录片	木缘	南京邮电大学通达学院	陈佳新 王健群 黄宇星	林巧民 刘永贵
二等奖	29757	软件应用与开发	Web应用与开发	大学图书馆选座预订系统	大连科技学院	褚仁杰 喻玲玲 李东锴	秦放 何丹丹
二等奖	29763	数媒设计微电影组	数字短片	酒久归一	武汉理工大学	薛问鼎 刘云乔 周慧琪	李宁
二等奖	29773	数媒设计中华民族文化组	动画	客家土楼	辽宁石油化工大学	李宁 李志	刘金义 王宇彤
二等奖	29815	微课与教学辅助	中小学数字及自然科学	杠杆原理	武汉科技大学城市学院	张梦雪 胡宏明	佘昌平 邓娟
二等奖	29874	软件服务外包	物联网应用	菁漾智能浇花系统	扬州大学广陵学院	周方晓 梁浩 俞光宇	史泼泽
二等奖	29891	数媒设计微电影组	数字短片	沁兰	南京邮电大学	梁耀元 王天燕 方镜皓	卢锋
二等奖	29892	数媒设计微电影组	数字短片	梅里长干	南京邮电大学	高湘婷 范婧瑜 赖云兰	郝川艳
二等奖	29897	数媒设计微电影组	微电影	哑琴	南京邮电大学	陈明慧 王麦 毛威	史汶泽

73

奖项	作品编号	大类	小类	作品名称	参赛学校	作者	指导教师
二等奖	29955	数媒设计微电影组	数字短片	"梓"槃生"灰"	辽宁石油化工大学	张伟纯 陈静 张新	张燕 王宇彤
一等奖	29961	微课与教学辅助	中小学数学及自然科学	走进"圆"的世界——圆的认识	合肥工业大学（宣城校区）	任梦佳 王世可 董昊东	冷金麟 耿晓鹏
二等奖	29971	数媒设计微电影组	微电影	琵琶愿	淮阴师范学院	王雪茹 王曦雯 徐文杰	赵新 陈文华
二等奖	29974	数媒设计专业组	图形图像设计	亲爱的它	淮阴师范学院	陈臣 刘聪 张海燕	徐珊 曹静宜
二等奖	29990	数媒设计专业组	产品设计	趣味小助手创新设计	宿迁学院	朱彤 王思瑶	常伟 邵士德
二等奖	30024	软件应用与开发	Web 应用与开发	农产品信息溯源系统	安徽农业大学	李坤 徐文静	孟浩 闫勇
二等奖	30100	数媒设计普通组	产品设计	人与动物全面创意设计	武汉科技大学城市学院	甘子昊 陈之悦 熊家宁	李聪 周冰
二等奖	30103	数媒设计动漫游戏组	数字漫画	光与影	南京邮电大学通达学院	薛锦慧	申灵 王斌
二等奖	30104	软件应用与开发	Web 应用与开发	金融监管智能预警平台	辽宁工业大学	胡新爱 张辰玮 孙春春	刘鸿沈 李晓会
二等奖	30116	软件应用与开发	移动应用开发（非游戏类）	滴滴送货	辽宁工业大学	项瑞万 凌海龙 张私雨	褚治广 张巍
二等奖	30118	软件应用与开发	物联网与智能设备	智能睡袋	辽宁工业大学	张泰闻 张纯 赵皓	张巍 李昕
二等奖	30126	微课与教学辅助	中小学数学及自然科学	神奇的水	辽宁工业大学	任玉莹 李鑫 杨筊恕	褚治广 张巍
二等奖	30128	微课与教学辅助	中小学数学及自然科学	谁偷吃了我的月亮	辽宁工业大学	陈宇鹏 陈思 徐文杰	谢文阁 刘鸿沈
二等奖	30139	数媒设计普通组	图形图像设计	另一个世界	辽宁工业大学	杨倩 巨志雄 杨晓庆	褚治广 张巍
二等奖	30142	数媒设计普通组	图形图像设计	人·物·暖	辽宁工业大学	董伊尹 马丹丹 宋恩麟	李昕 张军
二等奖	30144	数媒设计普通组	图形图像设计	森罗万象	辽宁工业大学	任玉莹 李鉴恕 刘郁祥	褚治广 张巍
二等奖	30146	数媒设计普通组	数码摄影及照片后期处理	影	辽宁工业大学	王文迪 陈私雨 刘从洋	褚治广 张巍
一等奖	30148	微课与教学辅助	计算机基础应用类	Photoshop 中剪贴蒙版的应用——看透房屋的秘密	江苏大学	吴湫敏 杨以臻	王延

奖项	作品编号	大类	小类	作品名称	参赛学校	作者	指导教师
一等奖	30155	数媒设计专业组	图形图像设计	平等·互存	辽宁工业大学	赵骄蓉 李钰含 苏小雪	杨明
一等奖	30169	数媒设计专业组	交互媒体	抉择	辽宁工业大学	韩子非 郑佳琪 王净顺	赵鹏
一等奖	30171	数媒设计微电影组	微电影	帝之百德·首孝	辽宁工业大学	王杰 沈沅 王爽	刘彣 解艳
一等奖	30172	数媒设计微电影组	微电影	百家争鸣	辽宁工业大学	许鑫月 邹佳宏 崇双双	刘彣
一等奖	30179	数媒设计微电影组	纪录片	兴城古城	辽宁工业大学	刘显强 苏航 胡国星	刘彣 刘金武
一等奖	30182	数媒设计微电影组	纪录片	传世奇巧、羽饰遗珍	辽宁工业大学	王末 韩子非 朱净顺	刘彣 褚雪行
一等奖	30185	数媒设计动漫游戏组	动画	醒	辽宁工业大学	尚亚庆 王宇豪	赵鹏
一等奖	30192	数媒设计动漫游戏组	动漫衍生品	陶瓷生活	辽宁工业大学	刘金晓 唐欢 熊天	张巍巍 褚治广
一等奖	30194	数媒设计中华民族文化组	图形图像设计	情·图腾说	辽宁工业大学	王靖合 刘园元 李芳竹	杨天舒 解艳
二等奖	30200	数媒设计中华民族文化组	动画	蒙古包文化解读	辽宁工业大学	张久强 张浩 王常亮	赵鹏
二等奖	30244	软件应用与开发	Web应用与开发	金牛山虚拟博物馆	东北大学	苏卓匡 华峰 钟圳伟	谢青
二等奖	30295	数媒设计专业组	图形图像设计	信息图设计《中国旗舰物种录》	江南大学	尹一行 陈柳言	龙娟娟 陈飞
二等奖	30310	软件应用与开发	Web应用与开发	"有度"财经媒介信息冲量分析系统	南京理工大学	潘熙艳 曾轩岑 谢彤	岑咏华
二等奖	30314	软件应用与开发	移动应用开发（非游戏类）	聚匠荟	南京财经大学	陈枝 王秋月 李特	蒋伟伟
二等奖	30319	数媒设计中华民族文化组	图形图像设计	民主水街	长江大学文理学院	张玲玲 段姚 李布野	陈竞亮 刘磊
二等奖	30329	软件应用与开发	Web应用与开发	基于大数据分析的企业信用评价与预测系统	南京理工大学	仲晓文 罗云鹿 黄黄颖	吴鹏 沈思
二等奖	30335	软件应用与开发	Web应用与开发	集体信息管理平台	东北大学	李林根 李一飞	姜琳颖
二等奖	30338	物联网与智能设备	物联网与智能设备	基于图像传感器的智能火灾识别系统	东北大学	张少魁 刘博文 张超贺	李婕 于瑞云

奖项	作品编号	大类	小类	作品名称	参赛学校	作者	指导教师
一等奖	30339	数媒设计微电影组	纪录片	但留一刀纸，还与子孙书	合肥工业大学（宣城校区）	刘俊禄 李昊阳 王晓锟	李明 郭晓燕
一等奖	30341	软件应用与开发	移动应用开发（非游戏类）	享问	东北大学	王逸群 罗熙霖 张源境	黄卫祖
一等奖	30354	数媒设计中华民族文化组	图形图像设计	寄畅园修缮历史图	江南大学	戴昕宇 童港怀 盛文琪	王丰 章洁
一等奖	30366	软件服务外包	人机交互应用	智能机器人格斗	巢湖学院	郑雪菲 刘朋朋 朱银锦	刘翔 鲁业频
一等奖	30435	软件应用与开发	Web应用与开发	练易练	江苏大学	栾一威 丁蕾 赵金敏	王华 王廷
一等奖	30436	数媒设计动漫游戏组	动画	年	合肥学院	张继通 杜俊鑫	沈超 彭松
一等奖	30498	软件应用与开发	管理信息系统	科技文献主题分析系统	南京理工大学	苏琼 陈曦 张玉豪	颜端武
一等奖	30538	数媒设计动漫游戏组	动画	卧冰求鲤	安徽新华学院	金启东 岳彬津 黄丽丽	刘刚 万家华
一等奖	30543	数媒设计动漫游戏组	数字漫画	小狐狸的心愿	安徽新华学院	王琴	王家凤 周蓉
一等奖	30546	数媒设计动漫游戏组	数字漫画	共同的历史	安徽新华学院	汪轲	江静 王晓俊
一等奖	30589	数媒设计专业组	交互媒体	ANIHOME	江南大学	池丙瑶 刘雨婷 胡雅云	盛歆漪
一等奖	30597	数媒设计中华民族文化组	动画	忆	河北经贸大学	王兰 马幼容 李明	李喆 高大中
一等奖	30615	微课与教学辅助	汉语言文学	冬夜读书示子聿微课	河海大学文天学院	郑格 熊维遥 姚珞晗	许戎 杭婷婷
一等奖	30706	软件应用与开发	移动应用开发（非游戏类）	派派——基于ACO算法和ElasticSearch分布式搜索引擎的外卖派送助手	安徽师范大学	张海峰 李敬霖 张端	陈少军 方群
一等奖	30719	软件服务外包	移动终端应用	机"密"我做主	淮南师范学院	吴润 吴雨青 叶青青	孙淮宁
一等奖	30782	软件应用与开发	管理信息系统	地测信息图数一体化管理系统	南京晓庄学院	杨莎 何亮 韩文聪	朱莹 陈玲
一等奖	30803	数媒设计中华民族文化组	图形图像设计	南京印象——原创漆鸡插画风格	南京晓庄学院	范昊财禄	李金乐

奖项	作品编号	大类	小类	作品名称	参赛学校	作者	指导教师
一等奖	30828	微课与教学辅助	虚拟实验平台	基于VR和AR的设备装配培训与引导系统	南京工程学院	袁文 丁剑宇	杨庆 林忠
一等奖	30829	数媒设计专业组	图形图像设计	天人合一——	安徽大学艺术与传媒学院	王文宁 汪子莉 张志群	刘涛 王剑飞
一等奖	30889	软件服务外包	人机交互应用	智播客——基于RTMP的在线教学系统	河海大学	李博文 王睿 王乐进	王龙宝
一等奖	30946	数媒设计中华民族文化组	图形图像设计	饮马长江复万方	长江大学文理学院	欧阳永进 黄金波 雷玮婷	田从祥
一等奖	30979	微课与教学辅助	虚拟实验平台	空间数据场模型实验平台V1.0	安徽农业大学	李杨杨 曹亮 周媛	刘琳
一等奖	31006	数媒设计中华民族文化组	图形图像设计	红笺素锦	安徽农业大学	邢雪婷	吴蓉
一等奖	31021	数媒设计中华民族文化组	交互媒体	扬州印象AR	扬州大学	朱熙熙 王晓慧 孙玉雪	赵志靖
一等奖	31024	数媒设计专业组	图形图像设计	人与动物·公益海报	扬州大学	王径舟 李梦圆 江柳柳	王勇 冯锐
一等奖	31028	数媒设计中华民族文化组	图形图像设计	苏韵·苏州民族文化艺术招贴	扬州大学	吴天娇 龚耘 孔慧	王勇
一等奖	31032	微课与教学辅助	汉语言文学	古今异义那些事	武昌首义学院	李馨 张婕 陈家强	溪利亚 程海英
一等奖	31052	软件应用与开发	物联网与智能设备	易管智慧车位管理平台	安徽大学	方宇志 冯善峥 隽若瑜	黄林生
一等奖	31065	数媒设计中华民族文化组	图形图像设计	民族吉祥物	湖北美术学院	喻瑶瑶 王蕾 杨宇鸿	赵锋
一等奖	31110	软件应用与开发	物联网与智能设备	智镜家居	湖北理工学院	夏旺明 李子豪 龚阳玲	姚莉 杨斐
一等奖	31115	微课与教学辅助	计算机基础与应用类	AE PS "烘焙" "微信表情包"	湖北理工学院	张琦 贺潇 李琛	吕璐 谭圆媛
一等奖	31158	数媒设计专业组	图形图像设计	女孩和鹿	安徽师范大学	钱子瑾	孙亮 许勇
一等奖	31170	数媒设计动漫游戏组	游戏与交互	基于AR的虚拟宠物	安徽师范大学	李桩李情 方可	许建东 陈付龙

奖项	作品编号	大类	小类	作品名称	参赛学校	作者	指导教师
二等奖	31187	数媒设计中华民族文化组	交互媒体	龙川胡氏宗祠数字虚拟漫游	安徽师范大学	施安国 刘俞彬 徐良凯	孙亮 唐曼玉
二等奖	31189	数媒设计中华民族文化组	交互媒体	竹山书院	安徽师范大学	李明阳 李玉汉 洪锦玉	孙亮 杜晓坤
二等奖	31310	软件应用与开发	移动应用开发（非游戏类）	阳光花房智能APP	河北建筑工程学院	龚旭 李晚琪 赵蕾	康洪波 常青
二等奖	31311	软件应用与开发	物联网与智能设备	触线——基于 Arduino 的自习室推荐系统	北京信息科技大学	李倩 张艳 刘爽	赵晓承
二等奖	31312	软件应用与开发	移动应用开发（非游戏类）	ToGo	北京信息科技大学	刘蓬 赵慧军 吴涛	崔巍 赵庆明
二等奖	31337	数媒设计中华民族文化组	动画	门板上的门神	河北经贸大学	时诺新 张伟 陈宁宁	远存旋 高大中
二等奖	31343	软件应用与开发	物联网与智能设备	智能垃圾桶	长沙理工大学	莫露莎 吴开云 贺佐强	熊兵
二等奖	31346	软件应用与开发	物联网与智能设备	Jarvis——基于物联网的车载智能助手	中南财经政法大学	郑捷 王赞博	张承德
一等奖	31358	数媒设计动漫游戏组	动画	再遇见	南华大学	左师奇 黄晓晗 陈星亚	李望秀 李华新
一等奖	31360	数媒设计动漫游戏组	动画	"鱼"你为友	南华大学	陶倩 胡旭 胡向伟	李华新 彭国建
一等奖	31361	数媒设计动漫游戏组	动画	游原鲸梦	南华大学	雷菁蓓 卢纯	彭国建 李望秀
一等奖	31374	数媒设计普通组	图形图像设计	人与动物的剪影故事	南华大学	连菁	彭国建 李望秀
一等奖	31431	软件应用与开发	Web应用开发	Travbook旅行日记	武汉大学	许灿文 邱添爽 汤迪欣	黄建忠 彭红梅
一等奖	31436	数媒设计微电影组	数字短片	伞上承，伞下魂	武汉大学	叶倩玉 张倩 张帆	赵宇鸣 赫爽
一等奖	31441	数媒设计中华民族文化组	动画	煌煌武大，百年老图	武汉大学	陈丁武 张慧楠 赵坤	詹平 路由
一等奖	31451	软件应用与开发	物联网与智能设备	智能储物柜锁	中南民族大学	徐爱昆 段律 顾琬光	康怡琳 刘科
一等奖	31460	数媒设计普通组	交互媒体	"动"敬人和	中南民族大学	曾云 周欣彤 颜茹蕾	张贤平

奖项	作品编号	大类	小类	作品名称	参赛学校	作者	指导教师
二等奖	31467	数媒设计中华民族文化组	图形图像设计	民族建筑瑰宝——苏州园林古典建筑	中南民族大学	姜波 李晓路	祝璟 阎斌
二等奖	31472	数媒设计中华民族文化组	交互媒体	VR技术下的古建艺术——山西晋祠	中南民族大学	卢志元 武瑕 张泽宇	夏晋 李书
二等奖	31475	数媒设计微电影组	纪录片	心传东巴路	中南民族大学	王东 邹伯涵 夏小桐	李锦云 吴涛
二等奖	31478	数媒设计微电影组	数字短片	水墨西湖	中南民族大学	梁银 杨睿精	赖义德
二等奖	31482	数媒设计微电影组	微电影	马头墙	中南民族大学	瞿世霖 文伟杰 易鑫	顾正明
二等奖	31484	微课与教学辅助	中小学数学及自然科学	菌膜中的生物学——自由扩散	中南民族大学	李易菲 陈增佳	魏晓燕 谭雄素
二等奖	31485	微课与教学辅助	中小学数学及自然科学	线凸角	中南民族大学	子圆 李明瞳	万力勇 黄传慧
二等奖	31493	软件应用与开发	移动应用开发（非游戏类）	基于位置服务的校内师生互动系统	大理大学	申畅恒 毕再鹏 高新鹏	杨健 张晓玲
二等奖	31624	微课与教学辅助	计算机基础与应用类	三分钟学会让古人说话	武汉体育学院	唐银民 刘俊豪	李光军
二等奖	31695	数媒设计专业组	图形图像设计	共享美好	江西师范大学	王文珺 朱婷婷 子悦	王萍 黄惠
二等奖	31720	数媒设计普通组	图形图像设计	网	中国政法大学	刘志鹏 李亚南 吴宇珊	张扬武 赵晶明
二等奖	31725	数媒设计专业组	交互媒体	杰西卡和她的"猫"	中国政法大学	张璞多 曾荣丽	郭梅 韩司
二等奖	31730	数媒设计中华民族文化组	交互媒体	匠·纸	中国政法大学	周宇驰 潘蔓玲 熊须明	陈连 刘振宇
二等奖	31742	数媒设计专业组	数码摄影及照片后期处理	美丽牟笼	安徽建筑大学	谢陈晨	鲁睿 肖科坤
二等奖	31746	数媒设计中华民族文化组	图形图像设计	传说·大明宫	安徽建筑大学	梁文涛 孟袁丽	谷宗州 鲁榕
二等奖	31748	数媒设计中华民族文化组	图形图像设计	道是小灯笼，言是大传统	安徽建筑大学	陶雨佳 陈静怡 李佳欣	徐慧 鲁榕
二等奖	31877	微课与教学辅助	中小学数学及自然科学	判定两个三角形全等的边角定理	吉首大学	朱玉香 苗杰 王浩	麻明友 林磊
二等奖	31878	微课与教学辅助	中小学数学及自然科学	捕捉光能的色素有哪些	吉首大学	胡慧 张青 陈艳婷	李建锋 杨波

中国大学生计算机设计大赛 2018 年参赛指南

80

奖项	作品编号	大类	小类	作品名称	参赛学校	作者	指导教师
一等奖	31881	数媒设计微电影组	微电影	兰娟衣	吉首大学	温义佳 万钻 吴秸朽	杨波 林磊
一等奖	31886	微课与教学辅助	汉语言文学	石嚷吏	华中农业大学	廖峡 赵雯雯	姚雅辉 王海燕
一等奖	31895	微课与教学辅助	计算机基础与应用类	打造"任督二脉"——并查集详解	长沙理工大学	曾馨 兰林涛 王嗣政	宋云
一等奖	31896	软件应用与开发	Web应用与开发	一种高校虚拟辅导员智能语音对话系统	华中师范大学	曾旎 周骏 桂黎铭	蔡庆昱 刘华咏
二等奖	31913	微课与教学辅助	中小学数学及自然科学	赵爽弦图形数结合—勾股定理的证明	华中师范大学	陈舒宣 李怡帆 夏鹏	徐章韬 代晋军
二等奖	31914	微课与教学辅助	中小学数学及自然科学	小雨滴历险记之雨的形成	华中师范大学	牛冰 高理想 林子微	杨九民 宁敏
二等奖	31935	数媒设计专业组	图形图像设计	生灵慈悲	华中师范大学	王翼宁 李思琦 钟蕙潞	王翔
二等奖	31945	数媒设计专业组	交互媒体	爱笑伴学	华中师范大学	郭新月 陈阮婷 张耀文	田元
二等奖	31947	数媒设计动漫游戏组	动画	洞游鱼和珍珠贝	华中师范大学	郭新月 许婆 赵小淮	涂凌琳
二等奖	31949	数媒设计微电影组	微电影	青青水情	华中师范大学	王翼宁 王筠 张湘凝	欧阳泓杰 赵肖雄
二等奖	31953	数媒设计微电影组	微电影	天下第一局	华中师范大学	李微琳 姜闽 李思琦	欧阳泓杰 赵肖雄
二等奖	31954	数媒设计微电影组	数字短片	毋以新怨忘旧恩	吉首大学	陈碧妓 唐雨琛 张青	林磊 李建锋
二等奖	31962	微课与教学辅助	汉语言文学	过故人庄唐诗赏析	吉首大学	袁晓戈 万钻 贺算晶	林磊 杨波
二等奖	31979	数媒设计中华民族文化组	交互媒体	纸鸢	华中师范大学	张睦宣 杨珊 张耀文	何宇
二等奖	32008	软件应用与开发	物联网与智能设备	智能LED照明节能控制物联系统	河北建筑工程学院	徐康顺 郭佳祥 姜佳琪	龚杨广 康洪波
二等奖	32022	软件应用与开发	物联网与智能设备	嵌入式智能应急疏逃生系统	汉口学院	王波 施晨杰 淦晓东	邓奕 刘崇凯
二等奖	32023	微课与教学辅助	汉语言文学	中国传统思想文化之归乡情结	汉口学院	向家欣 汪子勤 廖威	王沛沛 杨智
二等奖	32030	数媒设计专业组	产品设计	宠物海表智能监测系统概念设计	汉口学院	谢莹 王若兰	王昆
二等奖	32071	微课与教学辅助	中小学数学及自然科学	益生"君"	天津中医药大学	王燕飞 闫文鑫 陆佳	李潜

奖项	作品编号	大类	小类	作品名称	参赛学校	作者	指导教师
一等奖	32096	微课与教学辅助	汉语言文学	元日	运城学院	闫瑞洋 贾培菁 王晓婷	张盼盼
二等奖	32113	微课与教学辅助	虚拟实验平台	在线虚拟数字电子电路3D实验平台	华北理工大学	刘昌昊 宋润坤 苏慧航	吴亚峰 苏亚光
二等奖	32130	数媒设计专业组	图形图像设计	人与动物和谐相处之欲与舍	宜春学院	陈志鹏 徐洋红 付豪	周鲁萌
二等奖	32135	微课与教学辅助	汉语言文学	诗词鉴赏——卷珠帘	宜春学院	陈煜尘 刘欢 谭青玲	曾利霞 周鲁萌
二等奖	32151	软件应用与开发	移动应用开发（非游戏类）	手机次高频声波导航系统	南昌大学	唐嘉麟 李超 刘辉	徐健锋 赵志兵
二等奖	32152	软件应用与开发	Web应用与开发	基于WEBRTC视频及电子白板的交互式家教共享服务平台	南昌大学	赵子豪 王栋 邹家辉	刘伯成 赵志兵
二等奖	32179	微课与教学辅助	计算机基础与应用类	神奇的视频魔术——视频的编辑	江西师范大学	徐磊 赖丽芳 曾铮	刘晓艳 倪海英
二等奖	32188	微课与教学辅助	中小学数学及自然科学	北极星"不动"的秘密	江西师范大学	高文丽 余佳 周瑾	陈莉
二等奖	32238	数媒设计动漫游戏组	动画	生命的价值	湘南学院	汪振宇 李金杰 梁宸	陈铭 李小琳
二等奖	32262	软件服务外包	物联网应用	门诊分诊排队叫号	武汉理工大学	万洋 刘元庭 胡志成	章阳
二等奖	32268	软件服务外包	大数据分析	基于用户点评的产品关注点分析	武汉理工大学	黄纯 周晓松 张锦阳	刘钢
二等奖	32294	软件服务外包	移动终端应用	掌上健康系统	惠州学院	黄辉煌 姚佳泰 张豪	赵义霞
二等奖	32300	软件应用与开发	Web应用与开发	华侨大学计算机学院门户网站的设计与开发	华侨大学	汪维 蔡恩羽 林钰蓁	姜林美
二等奖	32304	软件应用与开发	移动应用开发（非游戏类）	乐游——AR智能导游APP（以华侨大学为例）	华侨大学	陈坤山 陈志鹏 施莹	王华珍
二等奖	32306	软件应用与开发	移动应用开发（非游戏类）	栗子校园——基于大学社团与校园达人的移动APP	华侨大学	陆垦铮 任昊天 高俊阳	郑光
二等奖	32308	软件应用与开发	物联网与智能设备	BINlieve智能垃圾桶	华侨大学	刘勇 陈俊鑫 慕杰	张国亮
二等奖	32309	微课与教学辅助	计算机基础与应用类	寓教于乐——玩转给密尔顿图	华侨大学	易金合 贺普响 张瀚月	彭淑娟
一等奖	32311	微课与教学辅助	中小学数学及自然科学	基于MG互动动画的天文科普教育之行星档案	华侨大学	郭敏镝 黄恺	萧崇志

奖项	作品编号	大类	小类	作品名称	参赛学校	作者	指导教师
二等奖	32316	微课与教学辅助	中小学数学及自然科学	喜洋洋与灰太狼之——懒洋洋的大蛀牙	湘南学院	陈滢 匡鑫 余梦茜	邓馨芳 李春艳
二等奖	32330	数媒设计专业组	图形图像设计	喂，我知道你可以	华侨大学	蔡晥玫	萧宗志
二等奖	32332	数媒设计专业组	图形图像设计	世界	华侨大学	黄璇璇 李嫒嫒	张洪博
二等奖	32333	数媒设计专业组	图形图像设计	回报	华侨大学	黄忠楠 李秀锦 欧信飞	萧宗志
二等奖	32337	数媒设计动漫游戏组	动画	鹤之殇	华侨大学	黄恺 郭敏锜 鲁林茂	杨丽洁
二等奖	32340	数媒设计动漫游戏组	动画	Jeb and Kenneth	华侨大学	庞喆群 梁馨夷 庄施婷	杨丽洁
二等奖	32341	数媒设计动漫游戏组	游戏与交互	小柴的救援行动	华侨大学	黄伟杰 谢文超	萧宗志
二等奖	32344	数媒设计动漫游戏组	游戏与交互	羚羊之路	华侨大学	梁静 王子超 王子咏骋	颜颖
二等奖	32348	数媒设计微电影组	微电影	戏中人	华侨大学	黄恺 黄忠楠 黄昊	萧宗志
二等奖	32350	数媒设计电影组	纪录片	石无顽石，镂志归璞——寿山石雕技艺的传承与发展	华侨大学	郭敏锜 潘怡君	萧宗志 郑光
二等奖	32351	数媒设计中华民族文化组	图形图像设计	溢彩民族	华侨大学	马杰 熊丽 刘刘	杨丽洁
二等奖	32352	数媒设计中华民族文化组	动画	绘梦	华侨大学	黄诗琪 汤浩健 黄璇璇	萧宗志
二等奖	32356	数媒设计中华民族文化组	交互媒体	苗族芦笙交互体验平台 APP	华侨大学	黄忠楠 贺誉 魏晴	彭渺娟
二等奖	32361	数媒设计中华民族文化组	交互媒体	基于 HTC VIVE 华大虚拟体验——廿四节令鼓文化	华侨大学	陈云荼 凡帅帅 梁乔芳	王华珍
二等奖	32405	软件服务外包	健康医学计算	膀胱肿瘤自动检测系统	解放军第四军医大学	曹子瀚 邵希甯 石宇强	刘洋 徐肖攀
二等奖	32407	软件服务外包	健康医学计算	在线寻亲数据库系统	解放军第四军医大学	章伟睿 马洋洋 刘神佑	刘健 李宝娟

奖项	作品编号	大类	小类	作品名称	参赛学校	作者	指导教师
一等奖	32445	数媒设计动漫游戏组	动画	鲸鱼提甲库姆	昆明理工大学津桥学院	付嘉琪	梁司滢
一等奖	32469	数媒设计普通组	图形图像设计	动物手影	北京建筑大学	崔渊哲 潘博 吴天宇	吕召勇 黄亦佳
一等奖	32478	数媒设计中华民族文化组	图形图像设计	古建筑彩画	北京建筑大学	夏锋 崔渊哲 谢子祥	王锐英 吕召勇
一等奖	32498	软件服务外包	移动终端应用	阿姨来了——家政O2O系统	惠州学院	蔡烨煌 蔡一响 蔡文杰	刘利
一等奖	32561	软件应用与开发	Web应用与开发	学而优家教网	梧州学院	江妙玉 李艳芳 黎艺侠	陈佳 邱臻炜
一等奖	32564	数媒设计普通组	图形图像设计	和谐之美	梧州学院	王明珠 韦东连 覃文欣	邱臻炜 吴飞燕
一等奖	32570	数媒设计中华民族文化组	动画	真武道之阁	梧州学院	郑远玲 韦欣 覃琦道超	贺杰 郭慧
一等奖	32573	数媒设计微电影组	微电影	铜郡往事	曲靖师范学院	王人茗 曾渤珈 袁朝能	杨锐玲
一等奖	32597	微课与教学辅助	计算机基础与应用类	偶动画短片制作	梧州学院	王宇蒙 卢荟 莫时芬	吴飞燕 李翊
一等奖	32613	数媒设计专业组	图形图像设计	你愿意？	昆明理工大学	张清川	尹睿婷 普运伟
一等奖	32622	微课与教学辅助	中小学数学及自然科学	等高线地形图的判读	兰州城市学院	李伟 杨强 张婷婷	赵国庆 张菲菲
一等奖	32636	数媒设计中华民族文化组	图形图像设计	湘昆服饰吉祥物设计	湘南学院	李嘉丽 王谋慧 孙哲鹏	李丽珍 李春艳
一等奖	32640	数媒设计中华民族文化组	图形图像设计	"方圆之间"中式餐厅设计	湖北工业大学	李嘉昕 杜懿 吴帆	刘涛 许志强
一等奖	32671	软件应用与开发	移动应用开发（非游戏类）	小V助手	曲靖师范学院	李志明 张琦 何睿	付承彪 田安红
一等奖	32699	数媒设计微电影组	数字短片	话说社会主义核心价值观	曲靖师范学院	张林凯 殷超 李金海	陶燕林 钱润光
一等奖	32713	数媒设计中华民族文化组	图形图像设计	一叶剪史	江西中医药大学计算机	谢亚薇 饶丰 漆川梅	彭琳 熊玲珠
一等奖	32720	微课与教学辅助	汉语言文学	相思	燕山大学	刘姣姣 冯兰兰 王晓彤	余扬

续表

奖项	作品编号	大类	小类	作品名称	参赛学校	作者	指导教师
二等奖	32728	软件服务外包	移动终端应用	停车宝系统开发	浙江传媒学院	周聪 卢望龙 姚欣奇	王忠
二等奖	32737	数媒设计普通组	图形图像设计	二维生命	燕山大学	闫晗 王树花 王宇晨	余扬
二等奖	32744	软件应用与开发	物联网与智能设备	智慧奶牛养殖系统	天津农学院	王敖 曾光 郭静	卢文 周红
二等奖	32754	软件服务外包	健康医学计算	可穿戴家居医疗系统	广州大学华软软件学院	温晓烽 林国汉 杨林城	陈华珍 王淑琬
二等奖	32756	数媒设计微电影组	纪录片	北狮男儿	武汉体育学院	赵保棠 代钰 王文强	刘静 王圣燕
二等奖	32760	数媒设计中华民族文化组	图形图像设计	雲裳	昆明理工大学	邹阳 赵思捷	李丹 黎志
二等奖	32770	数媒设计普通组	产品设计	"哈莫" 动物引诱、投食、医疗辅助机器人	昆明理工大学	于欢 尹雨枫 郭英睿	吴涛 普运伟
二等奖	32771	数媒设计普通组	图形图像设计	云南蜡染——"身外之物" 组包设计	昆明理工大学	唐嘉序 李盈睿	李丹 王凌
二等奖	32792	数媒设计微电影组	数字短片	汉绣的守护者	武汉体育学院	方思慕 周桂龙 胡英腾	蒋立兵 李光军
二等奖	32793	数媒设计微电影组	数字短片	铜瓷补惜	武汉体育学院	田星 王帅 胡志文	刘静
二等奖	32794	数媒设计微电影组	数字短片	楚园遗梦	武汉体育学院	陈锏 鲁兹 王进峰	方俊
二等奖	32828	数媒设计动漫游戏组	动画	DAWN	长沙理工大学	雷伟文 王晨晓 常永成	苏智源 朱诗源
二等奖	32836	数媒设计中华民族文化组	交互媒体	甲骨文展馆	长沙理工大学	卢江超 汪丽兰 常永成	张剑 王健
二等奖	32837	数媒设计中华民族文化组	交互媒体	黄梅挑花馆	长沙理工大学	严欢 王世秦 陈鸿鹏	张剑 朱诗源
二等奖	32840	微课与教学辅助	计算机基础与应用类	抠图技法之快速蒙版	河北师范大学	李如林 毛新玉 张笑梅	张馨峰
二等奖	32855	数媒设计中华民族文化组	动画	凰	华侨大学	杨悦 林舒婷	洪欣

奖项	作品编号	大类	小类	作品名称	参赛学校	作者	指导教师
一等奖	32862	软件应用与开发	Web应用与开发	雅车	广西大学	王杰章 闫蔚然 陈振安	姚怡 陈宁江
一等奖	32867	数媒设计专业组	产品设计	变型记	曲靖师范学院	何叶 刘钟秀 王月	王俊策 冯伟娟
一等奖	32868	数媒设计专业组	产品设计	12生肖	曲靖师范学院	姚敏 张泽林 孙娟	王俊策
一等奖	32877	微课与教学辅助	计算机基础与应用类	翻滚吧 白平衡	保定学院	代依宁 单书濛 王亚楠	王怀宇 李景丽
一等奖	32882	数媒设计中华民族文化组	动画	爷爷的糖画	武警后勤学院	石齐 殷幺法 马一方	孙纳新 杨依依
一等奖	32883	数媒设计微电影组	纪录片	甜蜜的老手艺—糖画	武警后勤学院	石齐 马一方 叶好奇	杨依依 孟欣然
一等奖	32898	软件应用与开发	移动应用开发（非游戏类）	《数据结构》微信小程序	韶关学院	黄如飞 周浩 张理想	陈正铭
一等奖	32902	数媒设计专业组	交互媒体	交换人生——猫咪养护指南	韶关学院	黄薰谕 吴紫茵 刘康	赖永凯 彭浩
一等奖	32903	数媒设计微电影组	数字短片	潮汕嵌瓷	韶关学院	陈婉华 郑素芬 郑永彬	刘群 厚厚雷
一等奖	32905	微课与教学辅助	中小学数学及自然科学	水污染	韶关学院	朱颖铧 陈婉华 陈旭波	赖永凯 彭浩
一等奖	32907	微课与教学辅助	计算机基础与应用类	人脸识别	韶关学院	康彩容 杨泳琳 何亮宽	赖永凯 吴保艳
一等奖	32924	数媒设计专业组	图形图像设计	《同呼吸 共命运》系列主题海报	北京服装学院	刘一凡 陈晨	李四达
一等奖	32926	软件应用与开发	移动应用开发（非游戏类）	智能停车位	保定学院	孙明杰 段秀媛	汪涛 李超
一等奖	32927	软件应用与开发	移动应用开发（非游戏类）	智能微护系统	保定学院	张存波 刘依童	汪涛 刘仲鹏
一等奖	32948	数媒设计普通组	图形图像设计	和谐共处	保定学院	宋明宇 秦美娇	李伟
一等奖	32957	微课与教学辅助	虚拟实验平台	液体的分离	保定学院	高钰楠 王雨冰 郝焱坤	万丽
一等奖	32972	软件应用与开发	Web应用与开发	集忆	中国人民大学	吴立格 赵文娅 马名骏	牛力
二等奖	33004	微课与教学辅助	计算机基础与应用类	AE报像微课堂	江西科技师范大学	刘凌云 姜情 朱丽萍	况扬 黄乐辉
一等奖	33011	微课与教学辅助	计算机基础与应用类	机动的动态多组	延边大学	王森淼 李海端 齐翌辰	赵亚慧 赵琳琳
一等奖	33027	数媒设计专业组	产品设计	园区观光车	吉林大学	曹克迪 程淑珍 潘栋梁	张舸 吴兵
一等奖	33031	微课与教学辅助	汉语言文学	汉字故事之邂逅古"人"	吉林大学	徐蔓 孙杨菲 张鹤姝	李锐 邹密

续表

奖项	作品编号	大类	小类	作品名称	参赛学校	作者	指导教师
一等奖	33033	软件应用与开发	Web应用与开发	数字大学	吉林大学	朱陈超 王钰昭 申强	徐昊
一等奖	33047	软件应用与开发	Web应用与开发	云演	运城学院	李志刚 盛金秋 牛佳琦	王琦 张雷
一等奖	33054	数媒设计动漫游戏组	动画	遇	运城学院	王萍 乔奋凤	王琦 庞侃超
一等奖	33062	微课与教学辅助	计算机基础应用类	场景式学习供应链应用之直运业务	北京语言大学	方婕 秦瑶瑶 刘田田	李吉梅
一等奖	33089	数媒设计普通组	交互媒体	它说	武警后勤学院	李梓豪 王靖怡 张子良	孙纳新 杨依依
一等奖	33093	数媒设计专业组	图形图像设计	出来和我玩吧	江西师范大学	敖雨璐 刘文涓 陈世鑫	廖云燕
一等奖	33130	软件应用与开发	Web应用与开发	华北理工大学教职工班车在线预约系统	华北理工大学	王志文 欧春润 刘志智	马月坤 张渥
一等奖	33133	软件应用与开发	Web应用与开发	华北理工大学教研项目管理系统	华北理工大学	胡建 高语越 严泽凡	马月坤
一等奖	33153	数媒设计中华民族文化组	交互媒体	华绣	武警后勤学院	苟莞苓 张思源 李恭炎	孙纳新 程慧
一等奖	33161	软件服务外包	健康医学计算	嗓易声	浙江中医药大学	赵明杰 来聪聪 凌佳利	蒋巍巍 肖永涛
一等奖	33176	软件服务外包	移动终端应用	院外综合控糖APP	海南医学院	戴文彭 石荣辉 陈泽游	何红 余远波
一等奖	33198	微课与教学辅助	计算机基础应用类	"自由穿梭"——显式 Intent 的使用方法	延边大学	许浩 华梦婷 周亚萍	赵亚慧 赵国宏
一等奖	33202	软件应用与开发	物联网与智能设备	基于航测的 3D 快速建模飞行器研制	东北师范大学人文学院	张晋 杨子宝	魏秀卓 姜华
一等奖	33232	数媒设计普通组	图形图像设计	你陪我长大，我陪你变老	武警后勤学院	陈童 阮鹏 熊太农	杨依依 孟陈然
一等奖	33250	软件应用与开发	Web应用与开发	游速线	江西师范大学	曾欣怡 徐振辉 叶旭晨	彭雅丽 蒋长根
一等奖	33253	数媒设计动漫游戏组	动画	珍稀动物	江西师范大学	邹翠 周鑫来 黄瑞琦	徐正 王渊
一等奖	33279	软件服务外包	移动终端应用	破万卷 APP	德州学院	孙延栋 刘玲 张少平	李天志 胡凯
一等奖	33286	软件服务外包	电子商务	乐搭配商城	德州学院	彭尚 杨俊 朱梦颖	张建臣

奖项	作品编号	大类	小类	作品名称	参赛学校	作者	指导教师
二等奖	33287	微课与教学辅助	汉语言文学	南陵别儿童入京	武警后勤学院	薛泽凡 董雪松 王赫勋	孙纳新 杨依依
二等奖	33311	数媒设计普通组	交互媒体	最后的救赎	上海对外经贸大学	宋天琦 李雨洁 韩永净	顾振宇
二等奖	33312	数媒设计普通组	交互媒体	寻迹	上海对外经贸大学	崔雨彤 王颜洛 李坤玉	孙立新
二等奖	33313	数媒设计普通组	交互媒体	动物乡	上海对外经贸大学	刘国同 张晨孜	顾振宇
二等奖	33322	微课与教学辅助	中小学数学及自然科学	无处不在的大气压	武警后勤学院	孙铮 余豪 徐涛	孙纳新 杨依依
二等奖	33330	数媒设计中华民族文化组	图形图像设计	南诏四时之韵	云南民族大学	周思丹 钟祥云 阮深	王亚杰
二等奖	33350	数媒设计动漫游戏组	动画	高墙之下	北京体育大学	陈子炜 吴吟凡 姜竣之	王鹏
二等奖	33355	数媒设计专业组	数码摄影及照片后期处理	五禽戏	北京体育大学	李健茹 马嘉蔚 李勇健	肖斌
二等奖	33373	数媒设计动漫游戏组	数字漫画	我把阿布送回家	福建师范大学协和学院	王诗莹	符文征
二等奖	33382	软件应用与开发	物联网与智能设备	应用于老人陪护的智能小车机器人	吉林大学	刘春晓 吴颜东 徐佳惠	刘颖
二等奖	33392	软件应用与开发	Web应用与开发	weiboTopic: 微博话题可视化分析系统	北京大学	油梦圆	陈文广
二等奖	33412	软件应用与开发	管理信息系统	智畋大学生创新创业知识系统	东华大学	王鑫 程浩 郑浩杰	董平军
二等奖	33414	微课与教学辅助	汉语言文学	千古明月之万千情愫	东华大学	魏院丽 王冬梅 张燕	吴志刚
二等奖	33418	数媒设计动漫游戏组	游戏与交互	拯救Wee计划	东华大学	张瀚文 林菁菁 周晨韵	张红军
二等奖	33423	数媒设计微电影组	数字短片	思无邪	武警后勤学院	高子涵 俞卓骅 段允法	程慧 孙纳新
二等奖	33428	软件应用与开发	Web应用与开发	微问网上教育平台	上海理工大学	许豹 宗道明 龚浩	张宝明
二等奖	33431	软件应用与开发	物联网与智能设备	自行车无人值守自助存放管理系统	上海理工大学	罗超宁小淳	刘歌群

奖项	作品编号	大类	小类	作品名称	参赛学校	作者	指导教师
一等奖	33436	微课与教学辅助	中小学数学及自然科学	我要建设海绵城市	韶关学院	张智鹏 李静平 何奕成	赖永凯 吴保艳
一等奖	33471	软件应用与开发	物联网与智能设备	基于 Arduino 的智能盆栽呵护系统	上海大学	风泽元 储诚益 余椿鹏	单子鹏
一等奖	33478	数媒设计动漫游戏组	动画	千年以后	通化师范学院	张军 邹思宇 张发林	王伟
一等奖	33520	数媒设计中华民族文化组	交互媒体	三生三世·高句丽	通化师范学院	孙晨曦 魏雪 陈炎风	常鑫
一等奖	33524	软件应用与开发	Web 应用与开发	基于 Wi-Fi 探针的轨道车站客流客预警系统	上海工程技术大学	周志鹏 韩玮格	丁小兵
一等奖	33546	软件应用与开发	管理信息系统	产品全生命期溯源系统	郑州大学	丁宇梁 高俞顺 曹金富	曾仰杰 段鹏松
一等奖	33547	软件应用与开发	移动应用开发（非游戏类）	气象观测设备日常巡检检数据管理平台	郑州大学	张文亮 代瑾 徐弃驰	卫柯 马建红
一等奖	33549	数媒设计普通组	产品设计	童年之约	郑州大学	张峤云 吴若兰	姬莉霞
一等奖	33557	软件服务外包	物联网应用	矿热炉电极位置非接触测量与云端远程监控轻研系统	南昌工程学院	杨朝桂 林速 邱倩倩	刘文军 雷金坡
一等奖	33563	软件应用与开发	Web 应用与开发	OnlineJudge 系统	北京科技大学	徐经纬 罗星 吕韵律	姚珑 张敏
一等奖	33578	软件应用与开发	移动应用开发（非游戏类）	POU 绘——立体课堂	北京科技大学	刘超贝 王继隆 张海森	李新宇 汪红兵
一等奖	33586	数媒设计普通组	交互媒体	地球居民手牵手	北京科技大学	刘哲 刘彦君 刘钦	黄晓璐 李莉
一等奖	33587	数媒设计普通组	交互媒体	盲人的眼睛	北京科技大学	陆家祺 任琳珠 宋杰	屈微 李新宇
一等奖	33590	微课与教学辅助	计算机基础与应用类	趣学冒泡	北京科技大学	黄雯 龚诗婕 宋子豪	屈微 张敏
一等奖	33598	微课与教学辅助	中小学数学及自然科学	舞动在天幕的银带——极光	北京科技大学	王紫徽 刘冬雨 韩思怡	武航星 张敏
一等奖	33614	数媒设计动漫游戏组	游戏与交互	梦中的小蓝	德州学院	刘同泽 孙晓妮 汤烨棕	李丽 陈山山
二等奖	33657	数媒设计中华民族文化组	动画	中国古代四大宫简之真表总署署	河北金融学院	景程宇 祝祯祎 孙乐琳	苗志刚 曹莹
一等奖	33679	数媒设计专业组	图形图像设计	《和壹相行》系列	东北师范大学人文学院	戈力盾	高赛 张晨

奖项	作品编号	大类	小类	作品名称	参赛学校	作者	指导教师
一等奖	33697	数媒设计动漫游戏组	动画	我和猫	南开大学滨海学院	李秋晨 孟雅倩 徐国钟	高培
一等奖	33707	数媒设计普通组	交互媒体	动物名片	安阳师范学院	杨坤 董娅雪 王文然	牛红惠 于亚芳
一等奖	33717	微课与教学辅助	计算机基础与应用类	验证码的奇幻世界	安阳师范学院	田晓妍 王玉 郝修杰	于亚芳 陈卫军
一等奖	33746	数媒设计专业组	产品设计	宠物自动喂食器	东北师范大学人文学院	申畅 陈思蒙	程特 姜宝华
一等奖	33774	数媒设计动漫游戏组	游戏与交互	困兽走廊VR	云南警官学院	杨瑞 张福源	魏哲 周宇
一等奖	33784	数媒设计动漫游戏组	动画	一路风景与你同行	周口师范学院	郭慧洁 张瑞杰	张文娟
一等奖	33789	数媒设计动漫游戏组	动画	我的梦境	南开大学滨海学院	吴云 谭润泽 陈侨辉	高培
一等奖	33808	软件应用与开发	管理信息系统	秀美空间	中原工学院信息商务学院	徐俊杰 殷向政 王玉宝	郭承锋
一等奖	33837	数媒设计微电影组	数字短片	古韵洛阳	中原工学院信息商务学院	张俊男 汪闯	邱一城
一等奖	33846	微课与教学辅助	计算机基础与应用类	宏动工作，效率翻倍	杭州师范大学	郑琳 陈乐依	项洁 诸彬
一等奖	33858	软件应用与开发	移动应用开发（非游戏类）	Wei校园	中原工学院	宋宇飞 张斌 杨光	张冲 范毅华
一等奖	33899	数媒设计中华民族文化组	动画	张飞审瓜	中华女子学院	向星云 刘熔秋 郝剑婷	李岩 刘冬懿
一等奖	33900	数媒设计动漫游戏组	动漫衍生品	A Family Friend	中华女子学院	李赛 储侨 王晶晶	乔希 刘冬懿
一等奖	33904	微课与教学辅助	汉语言文学	寻隐者不遇	中华女子学院	管如月 陈玉菲 陈文凤	乔希 王建波
一等奖	33913	数媒设计专业组	产品设计	灵	北京服装学院	谢超青 刘承蒙 杜丽夏	李四河
一等奖	33928	软件应用与开发	Web应用与开发	基于OBE的课程学习系统	中原工学院信息商务学院	黄壮 杨万行 刘宇	李志民 朱强

奖项	作品编号	大类	小类	作品名称	参赛学校	作者	指导教师
二等奖	33942	数媒设计微电影组	数字短片	梁河葫芦丝制作技艺	玉溪师范学院	陈敏	于佳
二等奖	33952	软件应用与开发	Web 应用与开发	河南大学毕业设计管理系统	河南大学	刘元炬 宋至钧 李芳	梁胜彬
二等奖	33958	数媒设计动漫游戏组	数字漫画	童趣	北京服装学院	肖岑阳 韩琦 刘欣宇	李四达
二等奖	33963	数媒设计普通组	图形图像设计	陪伴是最长情的告白	云南财经大学	杨琦 王桂玲 何艳梅	李莉平
二等奖	33968	数媒设计普通组	图形图像设计	万物皆有灵且美	吉林华桥外国语学院	蒋安琪 赵婷 庄博文	张丽明 韩智颖
二等奖	34008	数媒设计动漫游戏组	动画	猎鹰	北京工业大学	薛宇扬 张宁尘 李逸飞	张朋 李颖
二等奖	34012	数媒设计专业组	图形图像设计	呻呀！萌宠拍摄美图 APP	中北大学	韩卓 常莎	张奋飞 武敏
二等奖	34021	软件应用与开发	管理信息系统	嗨～别饿死	上海海洋大学	张宇	王令群 袁小华
二等奖	34022	软件应用与开发	Web 应用与开发	水产养殖和流通全程监测系统	上海海洋大学	刘敏 郭伊云 车全全	袁红春
二等奖	34024	软件应用与开发	移动应用开发（非游戏类）	公有云下的新生校园服务微信平台	上海海洋大学	陈毓雯 谢泽昊	赵丹枫
二等奖	34035	微课与教学辅助	计算机基础与应用类	表格还能这样玩！	河北金融学院	朱慧鸿 张茜茜 高媛媛	曹莹 苗志刚
二等奖	34038	软件应用与开发	Web 应用与开发	文化资源数字化平台构建——以 4A 级景区北岳庙为例	河北金融学院	刘琪轩 魏杰 韩冬	刘冲 杜光辉
二等奖	34039	数媒设计中华民族文化组	交互媒体	墨色	宁波大学	宋梦莹 戎益 沃璃琳	戴洪珠 陈柏华
二等奖	34048	微课与教学辅助	汉语言文学	古汉语文学 魏晋风骨	解放军空军航空大学	郝晓亮 赵浩钦 宣开	韩丹 孙琰
二等奖	34054	数媒设计微电影组	数字短片	遇见平遥	中北大学	江徐鸿 刘振华 刘丹宁	陈志军 李霞
二等奖	34071	数媒设计中华民族文化组	交互媒体	马可波罗	中北大学	宋田博 张琦 辛萌凡	张奋飞 贺宏奎
二等奖	34075	数媒设计普通组	图形图像设计	人类即动物	解放军空军航空大学	方晨 郭元振	王光宇 张晶

奖项	作品编号	大类	小类	作品名称	参赛学校	作者	指导教师
一等奖	34101	计算机音乐（普通组）	原创音乐	(Untold) To Misaka	华东师范大学	姚劲	刘小平
二等奖	34109	软件服务外包	移动端应用	面向欧美汉语学习者的汉字学习 APP 研究与开发	华东师范大学	程海婷 田梦源 胡家斌	陈志云 张德动
一等奖	34110	软件应用与开发	移动应用开发（非游戏类）	SmartHelper	河南师范大学	王灿达 叶思齐	常宝方
一等奖	34111	微课与教学辅助	汉语言文学	"德"的演变	河北金融学院	陈文昌 刘晓哲 梁勤	王安然 李院
一等奖	34151	数媒设计动漫游戏组	游戏与交互	寻找金丝猴	解放军空军航空大学	罗欢 张书豪 文斌斌	李海玉 王光宇
二等奖	34152	软件应用与开发	Web 应用与开发	校园环境实时监控系统	郑州轻工业学院	贾启 张康辉 郭永越	张志锋 李丽萍
二等奖	34153	软件应用与开发	Web 应用与开发	毕业季——一个通用纪念型平台	上海第二工业大学	张若熙 李芳园 赵久进	潘海兰
二等奖	34158	微课与教学辅助	计算机基础应用	基于混合学习模式的 ACM 初级网络课程的学习平台	东北师范大学	郑皓楠 黄巧 苗凯尧	张邦佐
二等奖	34160	软件应用与开发	移动应用开发（非游戏类）	基于 AES 加密算法的二维码生成识别系统	郑州轻工业学院	范锐 李正浩 郭一帆	尹毅峰
二等奖	34169	软件应用与开发	物联网与智能设备	AirDate——环境可视化	郑州轻工业学院	夏凯文 苗壮壮 王恩	甘勇 沈高隆
二等奖	34170	软件应用与开发	物联网与智能设备	智能家庭安防预警系统	郑州轻工业学院	梁晨 孙一文 刘栋	邹东尧 韩丽
二等奖	34172	软件服务外包	人机交互应用	基于人工智能的普通话测评与提升平台	上海大学	武冶 冯泽元 梁俊辉	单子鹏
一等奖	34202	软件应用与开发	管理信息系统	智能小区系统	同济大学	张凌涵 蔡槟泽 程曦	袁科萍
二等奖	34207	软件应用与开发	移动应用开发（非游戏类）	巴别塔之炼——小语种词性复数助记 APP	同济大学	杨晨曦 刘喆 朱亿超	王颖

91

中国大学生计算机设计大赛2018年参赛指南

92

奖项	作品编号	大类	小类	作品名称	参赛学校	作者	指导教师
一等奖	34209	数媒设计普通组	图形图像设计	大鲵	同济大学	伏豪 毛灵栋	李湘梅
一等奖	34211	数媒设计中华民族文化组	交互媒体	岳阳楼是我建的	北京邮电大学世纪学院	李梦瑶 梁梓宏 赖忠路	周艳霞 王新蕊
一等奖	34212	微课与教学辅助	汉语言文学	"豪风来袭"古诗词鉴赏	新乡学院	陈源鑫 屈圆圆	朱楠
一等奖	34216	数媒设计普通组	交互媒体	"和"剧场	新乡学院	袁月 翟顺利	朱楠 胡鹏飞
一等奖	34226	数媒设计专业组	图形图像设计	和你在一起	北京邮电大学世纪学院	张金锐	孙丽娜 朱颖博
一等奖	34230	微课与教学辅助	中小学数学及自然科学	圆面积公式的推导	河南科技学院	程油 荆丽娟	胡萍 蒋纪平
一等奖	34239	微课与教学辅助	中小学数学及自然科学	勾股定理	河南科技学院	徐冰 李瑞 龙鑫	张丽莉 胡萍
一等奖	34247	数媒设计中华民族文化组	动画	糖人	重庆大学	王露君 李书晴 李星星	夏青
一等奖	34248	数媒设计动漫游戏组	动画	追逐萤光	重庆大学	刘艺玄豪 黄文杰	夏青
一等奖	34249	软件应用与开发	Web应用与开发	膳食之家	重庆大学	王凯歌 贺鹤 杨帆	杨梦宁
一等奖	34252	软件应用与开发	物联网与智能设备	图书馆之天眼计划	重庆大学	张强 郭海垠 王传民	周明强
一等奖	34261	数媒设计普通组	图形图像设计	虎妞的梦	重庆大学	张玉宇 杨志腾 刘俊杰	刘慧君 李刚
一等奖	34267	数媒设计专业组	图形图像设计	"多"与"少"	重庆大学	任绍阳 罗波	高华
一等奖	34270	数媒设计动漫游戏组	游戏与交互	墨旅(InkPower)	重庆大学	陈蒂羲 罗丹迪 徐崇天	汪成亮 邹东升
一等奖	34273	数媒设计专业组	产品设计	一起运动——家用健身器材设计	长春工程学院	马健平 王彬 田晓庆	端文新
一等奖	34282	数媒设计中华民族文化组	图形图像设计	黎候虎形象衍生产品设计	太原工业学院	韩伟	袁玲 宋云
一等奖	34291	数媒设计专业组	图形图像设计	守护穿山甲	德州学院	郑琪琪 张蕊 芮吉薇	庞海清
一等奖	34323	数媒设计微电影组	数字短片	墨韵陶魂	德州学院	胡锦涛 赵鑫鑫 卢文忠	陈相震
一等奖	34345	数媒设计专业组	数码摄影及照片后期处理	狐叫	德州学院	张媛 李一凡 赵梓瑾	庞海清

奖项	作品编号	大类	小类	作品名称	参赛学校	作者	指导教师
一等奖	34386	数媒设计专业组	交互媒体	别样苍穹	长春大学旅游学院	刘川 董荣凯 穆任龙	臧银玲 张会
一等奖	34404	数媒设计普通组	图形图像设计	归宿	文山学院	张贵云 严丽	吴保文
一等奖	34417	数媒设计微电影组	纪录片	龙氏家祠	云南财经大学中华职业学院	卯妮珊	王良
一等奖	34471	微课与教学辅助	虚拟实验平台	化学e+（跨平台）	华东师范大学	曾晋哲 陈子晗 邓凌雪	王甫 刘珪
一等奖	34478	软件应用与开发	Web应用与开发	E-Guider	华东师范大学	胡评悦 袁丰毅 叶欣蕊	蒲晓 戴李君
一等奖	34495	软件应用与开发	移动应用开发（非游戏类）	北邮世纪学院虚拟漫游系统	北京邮电大学世纪学院	王梓杨 邓发骏 李路路	赵海英 李宁
一等奖	34519	数媒设计专业组	图形图像设计	DANGER	北华大学	刘凌云 徐浩然 薛砚函	褚丹 谢建
一等奖	34527	数媒设计微电影组	纪录片	山乡幽兰	杭州师范大学钱江学院	刘君辉 王锡镇 尹勋	李继卫
一等奖	34557	数媒设计中华民族文化组	图形图像设计	寻	宁波大学	钟巧虹 韦向荣 芈青	陶峰
一等奖	34584	数媒设计动漫游戏组	动漫衍生品	REBORN衍生品设计	北京工业大学	关雨竹	万巧慧 张朋
一等奖	34589	数媒设计中华民族文化组	动画	红颜逝	昆明学院	杨朝鉴 马萍	左斌 杨勇
一等奖	34596	数媒设计中华民族文化组	动画	相见时难	昆明学院	李旭 李贵平 陈芯茹	左斌 杨勇
一等奖	34618	软件应用与开发	Web应用与开发	基于"互联网＋管理"的ISchool学生事务管理系统	浙江科技学院	冯天祥 潘文昕 沈费欣	岑岗 成晓越
一等奖	34629	软件应用与开发	物联网与智能设备	智能路灯故障监测系统	重庆三峡学院	黄彬彬 何建标	闫东方
一等奖	34632	软件应用与开发	Web应用与开发	大学生本科创新项目过程化管理平台	浙江科技学院	胡昊 蔡靖楠 戴文飞	岑岗 吕兵兵

续表

奖项	作品编号	大类	小类	作品名称	参赛学校	作者	指导教师
一等奖	34710	微课与教学辅助	汉语言文学	过华清宫绝句三首（其一）	上海商学院	迟汇 朱涵盛 郭立菲	李智敏 高宝慧
一等奖	34713	微课与教学辅助	汉语言文学	老重庆话方言	上海商学院	张慧林 徐冰 宣丹妮	李智敏 李先桂
一等奖	34719	数媒设计普通组	交互媒体	We Are Friends	上海商学院	梁馨 王骏	许洪云 张璐
一等奖	34720	数媒设计动漫游戏组	数字漫画	钢琴里的小鲤鱼	上海商学院	邢俊宇 梁靖靖	沈华彩 孟庆华
一等奖	34726	数媒设计中华民族文化组	动画	壮乡·锦绣	上海商学院	李明哲 胡宏 黄麟	刘富强 高宝慧
二等奖	34736	微课与教学辅助	计算机基础与应用类	稳	浙江科技学院	张梦飞 经琇绣 雅张悦	刘肖权 唐伟
二等奖	34746	数媒设计微电影组	纪录片	陪伴，最温柔的坚守	浙江科技学院	朱泽旭 刘雷纯 潘斌语	刘肖权 雷运发
二等奖	34751	计算机音乐（普通组）	原创歌曲	红衣落尽 (Feat. 洛天依) [Original Mix]	淮阴工学院	陈涛 何桂炼	李芬苏 陈伯伦
二等奖	34771	软件应用与开发	移动应用开发（非游戏类）	重工生活号	重庆工程学院	周林 李昆伦 廖红来	陈俊铃 渝旋
二等奖	34788	软件应用与开发	Web应用与开发	基于wiki的农业科研单位知识分享系统	重庆工商大学	程苡婧	赖涵
二等奖	34798	微课与教学辅助	中小学数学及自然科学	角的初步认识	广西师范大学	黄晓雯 林柳清	朱艺华 尹本雄
二等奖	34801	数媒设计专业组	图形图像设计	温暖你	广西师范大学	黄小珊	蒋慧
二等奖	34865	数媒设计动漫游戏组	动画	归巢	广西师范大学	何吴秋 黄靖雯 莫丹琳	邓进
二等奖	34872	数媒设计微电影组	数字短片	南方小镇的圩	广西师范大学	龙涵 韩鹏 金梦杨	邓进
二等奖	34876	数媒设计微电影组	纪录片	传统守艺——手工枣木梳	广西师范大学	崔晓雷 童子娜	杨家明 徐晨帆
二等奖	34881	数媒设计中华民族文化组	图形图像设计	漫话汉服	广西师范大学	李霞 苏晓婷	徐晨帆 杨家明
二等奖	34887	软件应用与开发	物联网与智能设备	RPI保护伞	上海师范大学天华学院	潘其康 滕明希 杨露成	周丽婕 朱怀中
二等奖	34893	数媒设计中华民族文化组	动画	贵州布依堂屋	广西师范大学	莫才胜	邓进

奖项	作品编号	大类	小类	作品名称	参赛学校	作者	指导教师
二等奖	34925	数媒设计中华民族文化组	交互媒体	黎舞	海南热带海洋学院	郑洁 邵士超 齐浩磊	曹娜 杜红燕
二等奖	34937	数媒设计中华民族文化组	动画	缙岭云震 迦叶古刹	解放军后勤工程学院	陈湛 李相 姚逸飞	李震
二等奖	34940	数媒设计普通组	图形图像设计	抉择	解放军后勤工程学院	张向昊 龚翰源 丁志康	宋延屏
二等奖	34947	数媒设计专业组	图形图像设计	换 "位"	解放军后勤工程学院	姚逸飞 李相 陈湛	李震
二等奖	34950	数媒设计专业组	产品设计	智能宠物毛刷	福建工程学院	贾正淳 喻涵 杨文敏	武志军 邱志荣
二等奖	34966	数媒设计普通组	数码摄影及照片后期处理	History of Human and Animal Development	三亚学院	唐鑫 刘俊	张晶
二等奖	34999	数媒设计专业组	图形图像设计	首·收手	福州外语外贸学院	陈宛宛 张诗诗	程曦 何璐
二等奖	35005	数媒设计中华民族文化组	图形图像设计	鸟仁图雅	福州外语外贸学院	朱伟虹 李小娜	栀梓
二等奖	35006	数媒设计普通组	图形图像设计	Alice And Animals	浙江海洋大学	李南香 段英 朱婷	叶其宏 任文轩
二等奖	35038	软件应用与开发	Web应用与开发	铜梁龙网	重庆师范大学	魏欣 张胜	韩刚
二等奖	35044	微课与教学辅助	计算机基础与应用类	AVL 树的定义	重庆师范大学	石安 陈通 蒋壮	唐万梅 李明
二等奖	35052	数媒设计微电影组	纪录片	光影下的童话	山西师范大学现代文理学院	杨佳	罗廷财
二等奖	35054	数媒设计微电影组	微电影	格拉	山西师范大学现代文理学院	刘桐 李然	莲慈
二等奖	35059	数媒设计微电影组	微电影	影子戏	重庆大学城市科技学院	唐雪杨 李聪冲 陈旻	邵文杰 王丽

95

中 国 大 学 生 计 算 机 设 计 大 赛 2018 年 参 赛 指 南

续表

奖项	作品编号	大类	小类	作品名称	参赛学校	作者	指导教师
一等奖	35095	数媒设计专业组	图形图像设计	惊鸿一梦	福建农林大学	陈梦淇 赵新明 王涛	卓劳
一等奖	35120	数媒设计微电影组	数字短片	汉礼未央	福建农林大学	张凯 贾星星 刘欣	高博 卓婧
一等奖	35131	软件应用与开发	移动端开发（非游戏类）	移动端书法字识别	上海海事大学	杨晨旭 位梦星 黄慧慧	章夏芬 李吉彬
一等奖	35134	微课与教学辅助	计算机基础与应用类	影视后期小课堂（时间冻结）微课程	上海海事大学	谢江 王浩然 李惠	徐芳 闫慧仙
一等奖	35151	计算机音乐（专业组）	视频音乐	Aurora	厦门理工学院	张若琳	蔡茅
一等奖	35162	数媒设计普通组	图形图像设计	你是我的眼	重庆文理学院	钟韩林 王梦 魏琦	万忠杰
一等奖	35177	数媒设计专业组	交互媒体	有你真好	重庆大学城市科技学院	曾灵源 赵悦玥 沈佳艺	余兰亭
一等奖	35179	软件服务外包	移动终端应用	基于LBS技术的游乐场畅游软件	辽宁工业大学	项端万 张宇航 周秋月	褚治广 张腾
一等奖	35183	数媒设计微电影组	纪录片	盘花扣福	杭州师范大学钱江学院	朱嘉明 赵一帆 周晓倩	沃精菁
一等奖	35188	微课与教学辅助	虚拟实验平台	Material Lab	华东理工大学	喻泽中 邹昕 戚功文	文欣秀
一等奖	35190	软件应用与开发	Web应用与开发	生物基因学习系统	华东理工大学	那政 张雨康 严婷	文欣秀
一等奖	35194	软件应用与开发	物联网与智能设备	小氨机器人	华东理工大学	任强 虞情雅 吴思玥	王占全
一等奖	35200	数媒设计普通组	产品设计	Cat Corner	华东理工大学	张嘉寅	赵敏
一等奖	35204	软件应用与开发	物联网与智能设备	人工智能玩具小车	西南林业大学	孙航 杨洪尧 徐海峰	李俊波 张晴晖
一等奖	35207	微课与教学辅助	中小学数学及自然科学	癌细胞的主要特点及致癌因子	重庆师范大学涉外商贸学院	董国蓉 何中玲 霍佳豪	蒋传健 齐静
一等奖	35211	微课与教学辅助	中小学数学及自然科学	恐龙灭绝的故事	重庆师范大学涉外商贸学院	蔡瀚霖 符琳 郑力引	张春艳 彭成
一等奖	35216	数媒设计微电影组	微电影	牡丹亭	重庆大学城市科技学院	唐苕 郑圆 李新悦	邵文杰 王丽
一等奖	35217	计算机音乐（普通组）	原创歌曲	Expression, when Nostalgia Came	中南财经政法大学	陈淑婷 张怡天 戴玉昭	吴昊

奖项	作品编号	大类	小类	作品名称	参赛学校	作者	指导教师
一等奖	35233	数媒设计中华民族文化组	图形图像设计	民族之窗	浙江农林大学	金灵 张薇	方肖阳 黄苏
一等奖	35253	软件应用与开发	Web应用与开发	海之学霸	上海海事大学	金天成 杨睿 秦伊玲	章夏芬 李吉彬
一等奖	35280	数媒设计微电影组	数字短片	致匠心	浙江传媒学院	王睿 陈晨 闫丁元	余源伟
一等奖	35289	数媒设计动漫游戏组	游戏与交互	星河历险	浙江传媒学院	唐萌 毕树棠 罗冰凝	李铭鑫
一等奖	35292	软件应用与开发	物联网与智能设备	基于Arduino的物联网寻物管家装置	浙江传媒学院	刘雯靓	李金龙
一等奖	35298	数媒设计动漫游戏组	游戏与交互	迁鹤	浙江传媒学院	王建敏 刘英旭 谢晖	张帆 李铭鑫
一等奖	35302	数媒设计动漫游戏组	游戏与交互	Gogo	浙江传媒学院	卓文雪 曹勇 叶亭	张帆
一等奖	35316	数媒设计普通组	交互媒体	人与动物和谐相处——救赎	解放军第二军医大学	刘同同 樊忠胜 杜宽	郑备
一等奖	35317	微课与教学辅助	虚拟实验平台	百草园	解放军第二军医大学	刘化玥 武浩瀚 黄续	郑备
一等奖	35318	软件应用与开发	管理信息系统	学龄前儿童未来发展评估辅助决策系统	解放军第二军医大学	袁磊 杜茂林 赵娜	郑备
一等奖	35320	数媒设计普通组	交互媒体	你，我和它	解放军第二军医大学	石锦浩 沈卓捷 贾哲宇	郑备
一等奖	35323	软件应用与开发	管理信息系统	家庭问诊服务助手	解放军第二军医大学	王彬 沈港旋 同梓乔	郑备
一等奖	35360	数媒设计专业组	图形图像设计	另一种形态的我们——莎莎咖啡品牌形象设计	宁波大学科学技术学院	李静洁 钱嘉昕	楼文青
一等奖	35367	数媒设计微电影组	纪录片	木上生花	山东师范大学	孔庆丽 金晓梦 崔庆院	郑德梅 王虎
一等奖	35373	数媒设计动漫游戏组	动画	寻找下一片冰川	福建农林大学	吴梦婷	王婧
一等奖	35380	微课与教学辅助	计算机基础与应用类	走近人工智能	山东师范大学	梁雨洁 于晓琦 孙玲玉	刘新阳 韩晓玲

奖项	作品编号	大类	小类	作品名称	参赛学校	作者	指导教师
一等奖	35386	微课与教学辅助	中小学数学及自然科学	绿色植物的呼吸作用	山东师范大学	钟羽 刘海蓉 张树栋	韩晓玲
一等奖	35432	数媒设计微电影组	纪录片	英雄山下	山东师范大学	徐晖 刘树贤 同广祺	李超 卞芸璐
一等奖	35435	微课与教学辅助	中小学数学及自然科学	分数乘法解决问题	临沂大学	王晓婷 孙灿 李慧	赵春凤 张年年
一等奖	35442	数媒设计普通组	图形图像设计	Real and Dream	西华师范大学	王鑫宇 赵琳靖 陈任重	罗宇
一等奖	35452	软件应用与开发	管理信息系统	电算化实务操作平台	西华师范大学	曾祥银 刘晓清	陈友军 申心吉
一等奖	35453	软件服务外包	移动终端应用	简医——就诊提示跟踪	西华师范大学	尹岳 左文平 韩宗良	陈友军 黎仁国
一等奖	35457	数媒设计微电影组	纪录片	戏如人生	西华师范大学	李英杰 王国伟	胡瑛
一等奖	35459	数媒设计普通组	交互媒体	人与动物的理想国	西华师范大学	张韵 袁刚 唐风	陈昱廷
一等奖	35462	数媒设计动漫游戏组	动画	胖达启示录	西华师范大学	曾晨 何欣怡 杨晴珍	薛世锐
一等奖	35476	计算机音乐（普通组）	原创歌曲	无限荣光	解放军第二军医大学	李冰洋 何慧斯 顾逸文	郑备
一等奖	35480	软件服务外包	移动终端应用	智找车位	宜宾学院	喻可伟 袁小兵 王子文	曾安平
一等奖	35481	微课与教学辅助	计算机基础与应用	特技摄影	宜宾学院	郭宗杨 胡蝶 侯燕	姚丕荣
一等奖	35483	软件服务外包	物联网应用	门诊分诊排队叫号	西北大学	张梅梅 杨元元 李敏岚	张蕾
一等奖	35486	数媒设计动漫游戏组	动画	黑天鹅	西北大学	刘卓琳	董卫军
一等奖	35491	数媒设计普通组	产品设计	座椅下的爱	西北大学	王雨嘉 柴苗苗	安娜
一等奖	35500	数媒设计普通组	数码摄影及照片片后期处理	流浪者之光	西北大学	王蓁钰 蔡洪丽	安娜
一等奖	35503	数媒设计中华民族文化组	图形图像设计	礼乐之风——新古典人文演绎	西北大学	方慧敏 汪子欣	张烨
一等奖	35520	数媒设计微电影组	微电影	京城影像	北京科技大学	王纪尧 苏颖 李秋宏	李莉 万亚东
一等奖	35528	软件应用与开发	移动应用开发（非游戏类）	医学簪	成都医学院	骆新 金新凯 赵书曼	李健 任伟
一等奖	35531	数媒设计专业组	图形图像设计	让我变成你	成都信息工程大学	黄婷 贾萍萍	朱艳秋

奖项	作品编号	大类	小类	作品名称	参赛学校	作者	指导教师
一等奖	35539	微课与教学辅助	虚拟实验平台	基于OSG的全球气象卫星三维仿真系统	西北工业大学	张艺璇 张钰凡 韩磊	高通 邓正宏
一等奖	35543	数媒设计动漫游戏组	动画	大大的我和小小的他	西京学院	董涛 黄丽 王瑶	魏玉晶 赵耀
一等奖	35546	数媒设计专业组	图形图像设计	喜欢	西京学院	董一帆 杨洁	王西
一等奖	35566	软件应用与开发	物联网与智能设备	基于Kinect的康复训练系统	西安科技大学	王子童 袁浩端 许慧	史晓楠 李洪安
一等奖	35568	软件应用与开发	Web应用与开发	雪连花购物网	西藏民族学院	覃亚君 郭勇 赵妍	张文翔
一等奖	35570	微课与教学辅助	汉语言文学	琵琶行	西藏民族大学	王滨航 龙嘉玲	胡永
一等奖	35571	数媒设计中华民族文化组	图形图像设计	人与动物和谐相处之手机主题图标设计	西藏民族学院	谢莉 张谦婷	陈小莹
一等奖	35573	数媒设计中华民族文化组	图形图像设计	藏式风灯	西藏民族学院	土邓旺堆 仁青卓嘎	杜鹃娟
一等奖	35581	数媒设计普通组	动画	回族风情	宁夏师范学院	王萌 邱琳敏 朱银霞	刘运节 包萍
一等奖	35582	微课与教学辅助	汉语言文学	过零丁洋	宁夏师范学院	徐磊 郭帆 李英琦	张晓梅 马文娟
一等奖	35591	微课与教学辅助	计算机基础与应用类	PPT的百变达人：变体动画	武警工程大学	李勇 王玉翔 沉宗豪	姜灵芝
一等奖	35595	数媒设计动漫游戏组	动画	和谐共生	西安培华学院	陶新明 兰晓佳 李峰	王金环 马峰刚
一等奖	35609	微课与教学辅助	计算机基础与应用类	感知物联网	深圳大学	黄仕劳 魏若夫	程国雄
一等奖	35614	数媒设计专业组	交互媒体	手护珍朋	深圳大学	简海鹏 赖祯俐 许康中	曹晓明 胡世清
一等奖	35615	数媒设计普通组	产品设计	"嗜萌萌"宠物陪护机器人及APP设计	深圳大学	林观泉 徐可心 陈晓岚	曹晓明 胡世清
一等奖	35616	软件应用与开发	Web应用与开发	智慧鱼游戏化教学互动评价平台	深圳大学	马万筠 祁子修 万浩林	曹晓明 张永和
一等奖	35619	数媒设计动漫游戏组	游戏与交互	小小动物护卫者	深圳大学	刘若玉 陈舒婷 林丽青	廖红
一等奖	35622	软件应用与开发	Web应用与开发	基于时间和地理位置信息的网络推荐系统	深圳大学	吴较 张晓洁	廖好

奖项	作品编号	大类	小类	作品名称	参赛学校	作者	指导教师
一等奖	35630	数媒设计专业组	图形图像设计	流逝 生命	深圳大学	张钰 李夏珠 谢晓青	黎明
一等奖	35631	数媒设计中华民族文化组	交互媒体	羌族文化光影艺术交互装置	成都信息工程大学	张芳略 陈聪 范利梅	吴琴 陈海宁
一等奖	35634	计算机音乐（普通组）	原创音乐	New Sadness	南京航空航天大学	高天佑	邹春然
一等奖	35637	数媒设计普通组	交互媒体	地球公民	西北工业大学明德学院	胡晗煜 李雪 李政宇	解蕾 龙昀光
一等奖	35639	数媒设计中华民族文化组	动画	共工怒触不周山	西北工业大学明德学院	闻靖 吴茂庭 王俊凯	舒粉利 董健
一等奖	35641	数媒设计中华民族文化组	图形图像设计	不忘初心 直曲汉衣	西北工业大学明德学院	席栊晔 郑之笑	冯强 白珍
一等奖	35642	数媒设计微电影组	数字短片	西安印象	西北工业大学明德学院	沙怡彤 汪梦菡 刘靖珂	舒粉利 董健
一等奖	35645	数媒设计专业组	图形图像设计	辅车相依，唇亡齿寒	西北工业大学明德学院	罗丽 王丽	白珍
一等奖	35647	软件应用与开发	Web应用与开发	宁夏沙坡头	宁夏大学	禹建军 保鑫 李晓帆	张虹波 匡银虎
一等奖	35648	计算机音乐（普通组）	原创音乐	希望	川北医学院	罗无际	刘正龙 罗玉军
一等奖	35649	数媒设计微电影组	纪录片	热于贡心	西北民族大学	刘琪 孙菲菲	唐仲娟 杨炜伟
一等奖	35651	软件应用与开发	移动应用开发（非游戏类）	Mini 小程序	商洛学院	张韶	王重英
一等奖	35656	软件服务外包	物联网应用	智慧家庭	宝鸡文理学院	赵博伟 王庭荣 杨磊	张平 张育人
一等奖	35664	软件应用与开发	Web应用与开发	汉中市中心医院病案示踪系统	陕西理工大学	王磊 孙豪 张备	潘继强
一等奖	35669	微课与教学辅助	中小学数学及自然科学	初识指数函数	陕西理工大学	刘喈舒 毛博巍 冯惢	任胜章
一等奖	35678	数媒设计专业组	图形图像设计	倾听·陪伴·关爱	四川文理学院	汪忆梅 陈林	廖婷
一等奖	35679	数媒设计动漫游戏组	动画	我想……	四川文理学院	唐玉 张宇宸 钱志双	鲁仕贵

奖项	作品编号	大类	小类	作品名称	参赛学校	作者	指导教师
二等奖	35680	软件应用与开发	移动应用开发（非游戏类）	微管+	四川理工学院	陈鹏翔 刘海洋 刘晓阳	梁兴建 谢芳
二等奖	35681	软件应用与开发	移动应用开发（非游戏类）	川理在线	四川理工学院	唐川 李勇	邱玲
二等奖	35683	软件服务外包	物联网应用	智能花盆	四川理工学院	熊焱 董自然 邹雷	陈超
二等奖	35695	软件应用与开发	移动应用开发（非游戏类）	喵印	吉林大学珠海学院	方鑫 胡毓聪 张杨童	单缓 李昱
二等奖	35698	软件应用与开发	移动应用开发（非游戏类）	会·会	西南财经大学	邢欣 谭青	罗旭斌
二等奖	35699	数媒设计动漫游戏组	动画	最后的枪声	西南财经大学	邢欣 陈琳 谭青	孙耀邦
二等奖	35714	数媒设计专业组	图形图像设计	界限	四川旅游学院	张孜博 朱郑雅	王梅
二等奖	35718	数媒设计微电影组	微电影	老店	四川旅游学院	李红林 侯平 王圭	刘琦 冯超颖
二等奖	35719	计算机音乐（普通组）	原创音乐	Rock Me	浙江传媒学院	刘彦容	黄川
二等奖	35724	计算机音乐（普通组）	原创音乐	Having Fun	浙江传媒学院	殷汉	黄川
二等奖	35725	数媒设计微电影组	纪录片	车·水兰州	西北民族大学	李良波 罗倩 王洪震	王珊珊 张辉刚
二等奖	35727	微课与教学辅助	中小学数学及自然科学	薛定谔的猫	解放军空军军工程大学	张宸桢 项盛辉 谢吉亮	张艳华
二等奖	35731	微课与教学辅助	虚拟实验室	鸟群自组织飞行仿真实验平台	解放军空军军工程大学	李阳 张凡 闫琮	方甲永 李永宾
二等奖	35737	数媒设计普通组	交互媒体	你是与我同住地球的朋友	解放军空军军工程大学	贾宇豪 何泽鹏 孙朔	张红梅 拓明福
二等奖	35738	数媒设计中华民族文化组	图形图像设计	剪纸纹身的碰撞之美	广东外语外贸大学	陈俊男 谭雯倩	陈仕鸿
二等奖	35740	数媒设计中华民族文化组	交互媒体	唐韵盛景 曲水丹青	解放军空军军工程大学	张陆威 王子博珠 吴双	周万银 张辉
二等奖	35749	软件应用与开发	Web应用与开发	数字校园市场	解放军空军军工程大学	谭博文 梁勇康 刘泓景	拓明福 王焕彬

奖项	作品编号	大类	小类	作品名称	参赛学校	作者	指导教师
一等奖	35754	数媒设计微电影组	微电影	拾影	北京语言大学	靳乃嘉 陈参如 崔雨晨	张习文
一等奖	35756	数媒设计微电影组	纪录片	说书人	北京语言大学	于雪 刘一秀 肖采萱	李超
一等奖	35760	软件应用与开发	Web应用与开发	基于PHP响应式校园图书籍交易平台	中山大学南方学院	蔡培德 詹嘉莹 苏永基	苑俊英
一等奖	35762	软件应用与开发	物联网与智能设备	上海电力学院高温腐损试验机测控软件	上海电力学院	郭茂 谢群德 李韶颖	江超 刘伟景
一等奖	35763	数媒设计普通组	交互媒体	医漾	西南医科大学	杨鸿 苏文意 宋宇	邓欢 甘小勇
一等奖	35765	软件应用与开发	Web应用与开发	V-Quant 语音交互量化投资社区	上海财经大学	张晓琪 谢会平 周晓峰	闵敏
一等奖	35766	软件应用与开发	Web应用与开发	S-Guard	上海财经大学	丁瑞卿 李美荟 尤丽	韩潇
一等奖	35767	软件应用与开发	Web应用与开发	UHouse	上海财经大学	吕港 沈愈哲 张明亮	唐晓新
一等奖	35769	软件应用与开发	移动应用开发（非游戏类）	漂逅——图书漂瓶应用	上海财经大学	王颜 刘夏璞 贾庆尧	张勇
一等奖	35770	软件应用与开发	移动应用开发（非游戏类）	微信自媒体管理	上海财经大学	林凌斌 李璐 吴琼	李艳红
一等奖	35773	微课与教学辅助	虚拟实验平台	编程学习助手	上海财经大学	周雨茜 徐佳杭 孙达尊	韩松乔
一等奖	35774	软件应用与开发	移动应用开发（非游戏类）	Mapscrip 地图纸条	广东白云学院	赖俊杭 梁田	梁永恩 万世明
一等奖	35777	软件服务外包	移动终端应用	团队出行管理系统	上海财经大学	王伟星 张强 徐会明	曾庆丰
一等奖	35782	微课与教学辅助	汉语言文学	泊秦淮	北京师范大学珠海分校	边岩 陈益融	陈星火 李攻
一等奖	35787	软件应用与开发	移动应用开发（非游戏类）	执掌畅谈——基于手机摄像头的手语语音互译助手	西安电子科技大学	陈敏 李常皇 门永亮	韩红 李隐峰
一等奖	35791	软件服务外包	人机交互应用	基于大规模相机阵列的图像采集和3D模型重构系统	西安电子科技大学	宋佩阳 吴格荣 李泓霖	李隐峰
二等奖	35793	数媒设计动漫游戏组	游戏与交互	深海远航	西安电子科技大学	雷清汤 陈炜坤 陈依清	李隐峰

奖项	作品编号	大类	小类	作品名称	参赛学校	作者	指导教师
一等奖	35795	数媒设计普通组	交互媒体	奇妙的朋友——穿山甲	西安电子科技大学	杨煜涵 梁晓敏 杨毅夫	杨兵
一等奖	35797	微课与教学辅助	计算机基础与应用类	指纹识别魅力之旅	西安电子科技大学	侯建龙 李璠 魏侯童	李隐峰 王益锋
一等奖	35812	软件服务外包	人机交互应用	三维校园漫游	西安电子科技大学	雷清杨 陈炜坤 林依清	李隐峰
一等奖	35816	数媒设计动漫游戏组	游戏与交互	野外动物保护站	西安工程大学	王岳 陈铭	李莉 朱欣娟
一等奖	35817	微课与教学辅助	计算机基础与应用类	舍罕王的赏赐	中国人民解放军海军航空大学	平原 覃阿海 盖虹宇	赵嫒 周立军
一等奖	35820	软件应用与开发	物联网与开发	面向儿童教育的智能问答系统——Baymin	广东外语外贸大学	李汉强 林大彬 张海林	郝天永
一等奖	35827	数媒设计专业组	数码摄影及照片后期处理	三月	广东外语外贸大学	罗宇源 杨卓莹 陈志锋	黄伟波 刘江辉
一等奖	35837	微课与教学辅助	中小学数学及自然科学	物质循环	四川师范大学	滕鑫 程蕙	沈莉
一等奖	35843	数媒设计中华民族文化组	交互媒体	印象中国之时光里的风筝	东华大学	郑佳敏 鲍敬书 刘旸	张红军
一等奖	35855	数媒设计专业组	交互媒体	AniHome	西华大学	吴凡 毛同生 吴诗杰	王秀华
一等奖	35856	软件应用与开发	移动应用开发（非游戏类）	PuppyPhone	西华大学	杨琪 梁遂 彭雯	王秀华
一等奖	35859	软件应用与开发	移动应用开发（非游戏类）	防丢神器	西南民族大学	何炜华 王馨悦	杜诚
一等奖	35866	微课与教学辅助	中小学数学及自然科学	喜羊羊与灰太狼之追及问题	广东技术师范学院	李浩璇 韦思婷 陈波璇	吴仕云
一等奖	35870	软件服务外包	移动终端应用	在线交流流辅导APP	电子科技大学成都学院	文兵 陈东杰 袁量	丁晓峰

103

续表

奖项	作品编号	大类	小类	作品名称	参赛学校	作者	指导教师
一等奖	35871	软件应用与开发	移动应用开发（非游戏类）	新型英语口语教学系统	广东外语外贸大学	周智超 陈嘉诚 黄晚涛	李心广
一等奖	35873	数媒设计专业组	交互媒体	同在蓝天下 人鸟共家园	安康学院	杨益慧 齐甜 罗莎	王英 邹圣雷
一等奖	35880	软件应用与开发	管理信息系统	基于腾讯微信的移动化教务教学辅助系统	山东体育学院	王士祥	梁天一
一等奖	35888	数媒设计微电影组	数字短片	草泽医人	广州工商学院	杨露露 彭晓彤 吴怡昕	胡垂立 刘莹
一等奖	35893	数媒设计专业组	图形图像设计	鲸	广州工商学院	蔡雯颖	李散散
一等奖	35896	软件应用与开发	Web应用与开发	面向印尼社会对涉华事件的舆论评价的舆情分析系统	广东外语外贸大学	徐传懋 林楠铠 许斯旗	蒋盛益
一等奖	35898	数媒设计中华民族文化组	图形图像设计	八仙纹品	成都大学	段启佳	张鸶鸶
一等奖	35899	数媒设计中华民族文化组	图形图像设计	俑乐	成都大学	吴华咨	张鸶鸶
一等奖	35904	软件应用与开发	物联网与智能设备	基于开源硬件的用电安全与智能控制系统	上海电力学院	赵玉铭 顾晓辉 叶栋良	徐丽
一等奖	35905	数媒设计普通组	图形图像设计	无言？无奈！	中国人民解放军海军航空大学	周正裕 鲁裕 王雪钧	刘凯 王丽娜
二等奖	35908	数媒设计微电影组	纪录片	编艺者	四川音乐学院	王循坤	王利剑
二等奖	35910	数媒设计动漫游戏组	动画	轮回	岭南师范学院	梁友明 曾晶	袁旭
二等奖	35913	软件应用与开发	移动应用开发（非游戏类）	基于移动机器人的智能摄影师	岭南师范学院	曾令远 梁进大 伍津标	吴东 吴涛
二等奖	35917	微课与教学辅助	计算机基础应用类	SmartArt你真的会用了吗？	岭南师范学院	文玉婷 张婉文 黄庆莲	袁旭
二等奖	35918	微课与教学辅助	中小学数学及自然科学	科学小讲堂之茶能不能解酒	岭南师范学院	潘嘉欣 陈月儿	袁旭
二等奖	35919	微课与教学辅助	中小学数学及自然科学	图形的拼组	岭南师范学院	郑丽花 袁秀珍 梁思敏	袁旭 徐志

奖项	作品编号	大类	小类	作品名称	参赛学校	作者	指导教师
一等奖	35928	数媒设计中华民族文化组	图形图像设计	锦鲤集	广州商学院	何晓玲	李瑞 叶嫣
一等奖	35936	数媒设计专业组	图形图像设计	花与物，蝶中人	广州商学院	张琳依	李天昊 叶嫣
一等奖	35963	软件应用与开发	移动应用开发（非游戏类）	智慧教室软件开发与设计	西南石油大学	曾一芳 黄从富 冷静	向海昀 李旭
一等奖	35964	微课与教学辅助	中小学数学及自然科学	话筒的心声	乐山师范学院	蔡瑜 潘文卿	李治明 杜俊伟
一等奖	35965	微课与教学辅助	计算机基础与应用类	结合VR的情景化微课设计与制作	乐山师范学院	吴远志 赵彦续 刘佳欣	门涛
一等奖	35966	微课与教学辅助	计算机基础与应用类	打开脑洞之遮罩妙用	乐山师范学院	江敏 陈侃 万静	门涛
一等奖	35967	微课与教学辅助	计算机基础与应用类	小人国趣味摄影	乐山师范学院	马林军 同子维 刘洁	曹代第 罗尚平
二等奖	35968	数媒设计普通组	交互媒体	禽流感知多少	广东外语外贸大学	陈瑞雯 梁嘉慧 刘爽	陈仕鸿
二等奖	35969	数媒设计微电影组	纪录片	杨横	西南石油大学	程兆瑞 夏航 钟之	郭玉秀 崔烔屏
二等奖	35973	数媒设计专业组	图形图像设计	Pollution beast	广州大学华软软件学院	王钦	张欣宜 李列肆
二等奖	35978	数媒设计中华民族文化组	动画	南越寻踪——西汉南越王宫署建筑群漫游动画	广州大学华软软件学院	黄敏怡 黄楚然 林育琨	吴晓波
二等奖	35979	数媒设计中华民族文化组	交互媒体	国风·剪纸	广州大学华软软件学院	许怀琳	曹泽文 金晖
二等奖	35980	数媒设计中华民族文化组	交互媒体	羌服情缘	广州大学华软软件学院	宋桂馨 陈秋瑜	曹泽文 高婧
二等奖	35983	数媒设计动漫游戏组	动画	鼠友记	广州大学华软软件学院	谢逸伟 宋俊杰 叶海坚	陈罗保 李院龙
二等奖	35986	数媒设计动漫游戏组	游戏与交互	欢乐动物城	广州大学华软软件学院	梁卓艺 冯振声 叶恒泽	庞露荷 许恒梅

续表

奖项	作品编号	大类	小类	作品名称	参赛学校	作者	指导教师
一等奖	35987	数媒设计动漫游戏组	数字漫画	没有隔阂的世界	广州大学华软软件学院	李泰成 陈伊宁 刘杰桥	唐增城
一等奖	35991	计算机音乐（专业组）	原创音乐	追寻	上海师范大学	喻雯婕	申林
一等奖	36001	计算机音乐（普通组）	原创歌曲	等天明	辽宁科技学院	王君波 何思聪 李梦璐	孙凌云 刘海婷
一等奖	36005	软件服务外包	物联网应用	基于数据分析的智能教学楼节电管理系统	西南民族大学	谢正宇 温思 李俊强	杜诚 罗洪
一等奖	36021	计算机音乐（普通组）	原创音乐	原创音乐 5 首	大连海事大学	林宽 马子昂 许俊豪	白帆
一等奖	36024	计算机音乐（普通组）	原创音乐	说黄梅	安徽大学艺术与传媒学院	赵化彬	孙四化 魏慧莉
一等奖	36028	数媒设计微电影组	纪录片	火树金花	西南石油大学	刘佳坤 郝瑞鹏 谢亚杰	江霞 焦道利
一等奖	36048	软件应用与开发	Web 应用与开发	考试座位生成系统	华南理工大学广州学院	黄毅桂 蔡金标	付春英
一等奖	36050	微课与教学辅助	虚拟实验教学平台	基于元胞自动机的交通安全虚拟实验平台	成都师范学院	郝晨宁 覃琛 周冬莉	胡俊 石磊
一等奖	36052	软件应用与开发	物联网与智能设备	基于 GPRS 通信的新疆棉地环境监测系统	西昌学院	杨柳 徐熊	陈世琼 刘丹
一等奖	36061	数媒设计普通组	图形图像设计	同住一个家 Family	华南理工大学广州学院	丘可	阮石磊
一等奖	36068	软件应用与开发	Web 应用与开发	Planter	广东外语外贸大学	朱祖琛 邓嘉颖 高若妍	蒋盛益
一等奖	36076	计算机音乐（普通组）	视频音乐	枫华怨	大连理工大学	熊柯旭 王琳 唐帆	白一平 婴同意
一等奖	36077	计算机音乐（普通组）	原创歌曲	紫张	大连理工大学	杨晨 邱方华 高泽群	白一平 婴同意
一等奖	36095	软件应用与开发	移动应用开发（非游戏类）	教信通	西昌学院	何广平	岳付强
一等奖	36096	计算机音乐（普通组）	视频音乐	追寻	解放军空军工程大学	郭磊 赵壮 陈洲	拓明福 张红梅

奖项	作品编号	大类	小类	作品名称	参赛学校	作者	指导教师
一等奖	36108	软件应用与开发	物联网与智能设备	太阳能光状定向眼踪电池板	上海电力学院	郑美美 任欢 康哲	黄云峰 王志萍
一等奖	36120	软件应用与开发	Web应用与开发	交互之美	上海电力学院	周业峰 范佳文 董春生	张超 周平
一等奖	36131	计算机音乐（专业组）	视频音乐	寻龙记——Sintel	四川音乐学院	许凯程	韩彦敏 张旭鲲
一等奖	36147	数媒设计专业组	图形图像设计	Close	山东工艺美术学院	战玉娇 李景芳	牟堂娟
二等奖	36152	数媒设计专业组	图形图像设计	寻找Pony	山东工艺美术学院	王雁琦 李秀梅	牟堂娟
二等奖	36173	计算机音乐（专业组）	视频音乐	梅祖设的假面	上海师范大学	凌泽宇	申林
二等奖	36184	计算机音乐（专业组）	原创歌曲	尘焰	中国传媒大学	王香怡	王铉
二等奖	36190	计算机音乐（专业组）	原创音乐	望夫归	中国传媒大学	张羽浓	王铉
二等奖	36198	数媒设计专业组	图形图像设计	蜀雅山珍	成都大学	卓月如	张鸶鸶
二等奖	36207	计算机音乐（专业组）	原创音乐	三打白骨精	浙江音乐学院	李享	李秋桉 黄晓东
二等奖	36208	计算机音乐（专业组）	视频音乐	悬空的琴音	浙江音乐学院	伍真 刘志良	姜超江
二等奖	36228	软件应用与开发	管理信息系统	云环境下存储分区的数据保护	福建师范大学	虞俊明 危丁梅 王燕霞	林铭炜
二等奖	36259	计算机音乐（普通组）	原创音乐	甲午	山东大学（威海）	杨雅倩	徐德雷
二等奖	36263	数媒设计微电影组	微电影	贺无之仇	厦门理工学院	马万里 吕栋梁 周金明	刘景福 江南
二等奖	36272	微课与教学辅助	中小学数字及自然科学	初中物理"声音的产生与传播"微课	内蒙古民族大学	尚文涛	孟晨
二等奖	36284	计算机音乐（普通组）	原创歌曲	笑着说再见	集美大学	雷鹏	柴庆伟
二等奖	36292	软件应用与开发	移动应用开发（非游戏类）	学生请假系统	上海杉达学院	李洋 汪洁	韩朝阳 郭欣

2017年（第10届）中国大学生计算机设计大赛获奖作品选登

01. | 25838 | **基于 Unity3D 的船用小型设备基础操作虚拟实验平台**

中国大学生计算机设计大赛2018年参赛指南

■── 作 品 类 别 ──■

大　　类：微课与教学辅助类　　　**小　　类**：虚拟实验平台
获得奖项：一等奖
参赛学校：大连海事大学
作　　者：德　洋　苏立臣　盛昊天
指导教师：朱　斌

■── 作 品 简 介 ──■

　　基于 Unity3D 的船用小型设备基础操作虚拟实验平台可用于 Windows、安卓、iOS 等系统，通过该软件用户能够自行完成船用小型设备的拆装、维保、运行、故障处理等现实中无法或者很难随时进行的实验，最终产生实验报告，展现实验成果。本系统利用 Unity引擎开发，支持用户自主选择设备、自主选择实验并自行测试，弥补了航海类学科实践教学困难的问题，体现出虚拟平台的强大功能。

■── 安 装 说 明 ──■

　　将压缩包解压，文件分为数据包文件夹、应用程序以及一份说明书，双击应用程序，即可进入程序（视频材料有演示）。

■── 演 示 效 果 ──■

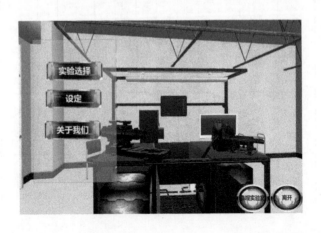

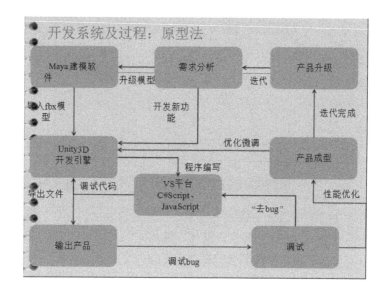

1. 设计重点

（1）力求真实。本平台从模具的选取、贴图的选择、光照烘焙、水流特效，到实验室场景布置，都尽最大可能还原了真实场景，让使用者如同身临其境。

（2）注重数据。本平台注重数据的展现，能够控制、测算数据。设置数据台查看各类参数信息，同时相当一部分数据可以逆向修改，直接反映在设备中，更加便于观察。

（3）强调过程。实验过程十分重要。实验结束后将生成实验报告，记录每一步操作并综合给出得分。

2. 设计难点

（1）结构优化。不少设备极其精密，如果全部加载，计算机运行将会非常吃力。应该考虑在不降低效果的前提下优化脚本，提高效率。

（2）迭代困难。原型法会确保里程碑实现，但是使得产品升级困难。由于很难考虑新版本的需求，更新时往往改动幅度较大，降低效率。

■■■— **作品分类** —■■

大　　类：软件应用与开发　　　　小　　类：移动应用开发（非游戏类）

获得奖项：一等奖

参赛学校：东南大学

作　　者：李朝华

指导教师：陈　伟

■■■— **作品简介** —■■

　　本项目是一款基于安卓平台开发的零流量近距离分享软件，充分利用了无线网络传输技术，软件的运行完全不依赖任何收费流量和外部 Wi-Fi，可以在任何无网条件下进行使用，实现了视频的同步播放、视频的跨平台分享和文件的群发三大功能。

　　（1）视频的同步播放功能：在两部手机利用手机自身硬件建立网络连接之后，只需要一方有视频，就可以一键同步，两部手机同时观看，在观看之余，还可以使用弹幕进行互动。

　　（2）视频的跨平台分享功能：发送方只要选中视频文件，一键开启视频分享，其他电子设备（手机、iPad、笔记本电脑、安卓电视等）就可以打开浏览器，输入相应网址或扫描相应二维码（此过程依旧不需要外部网络支持），就可以"在线"观看视频。

　　（3）文件的群发功能：发送方只要选中文件，一键开启文件分享，和（2）相同的，其他电子设备在浏览器端就可以接收文件，速度可达 4~6 MB/s。

　　注：功能（2）、（3）只需发送方安装此软件即可，且可多台设备同时访问。

■■■— **安装说明** —■■

　　（1）使用安卓手机（或其他安卓设备，Android 4.4 及更高版本）在浏览器打开安卓应用市场，找到《纸飞机》这款软件。网址：http://www.coolapk.com/apk/com.sefizero.paperplane 或者通过纸飞机官网进行访问点击下载跳转：http://www.lizhaohua.cn/。

　　（2）点击"安装"进行软件安装。

　　（3）打开《纸飞机》即可使用。

■■■— **演示效果** —■■

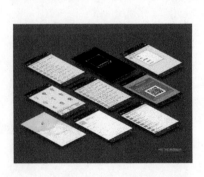

1. 总体设计

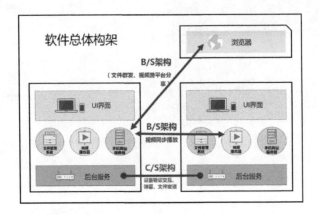

运用模块化编程的思想，将这款软件划分为 5 个部分实现。

（1）UI 界面：负责和用户进行交互，包含所有的交互界面设计。

（2）文件管理模块：对手机的文件进行分类和显示。

（3）视频播放器模块：用于播放本地或者网站服务器上的视频文件。

（4）手机网站服务器模块：负责提供 HTTP 以及流媒体服务。

（5）后台服务模块：负责模块之间的调用，以及和对方手机的交互。

设备之间交互的网络架构：

（1）手机网站服务器和其他设备的浏览器，使用 B/S 架构，用于文件的群发和视频的跨平台分享。

（2）手机网站服务器和对方的视频播放器，使用 B/S 架构，用于视频的同步播放。

（3）后台服务之间使用 C/S 架构，用于设备间的验证交互、弹幕等功能。

2. 视频同步播放功能实现

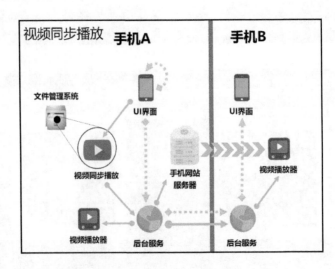

用户通过文件管理选中希望同步播放的视频文件，选择同步播放后，会触发文件管理模块向后台服务发送一条包含视频信息的消息。后台服务接收到该消息，会调用手机网站服务器为该视频文件提供流媒体服务，与此同时调用视频播放器播放本地文件，并向对方手机发送同步消息。对方手机的后台服务接收到同步消息后，立即调用它的视频播放器，播放来自手机网站服务器上的流媒体文件。从而实现两部手机播放同一视频资源。

设备之间通过后台服务之间的通信，进行进度参数的传递以及聊天消息的收发，从而实现同步播放和弹幕互动。

3. 视频的跨平台分享和文件的群发功能实现

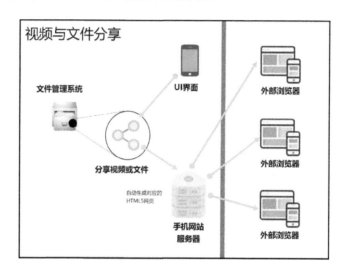

视频的跨平台分享和文件的群发采用相同的实现机制。在用户选择视频或者文件之后进行分享，向手机网站服务器模块发送消息，手机网站服务器模块自动生成包含有对应资源的 HTML5 网页，并为此网页提供 HTTP 服务（或者流媒体服务），供其他设备（手机、iPad、笔记本电脑、安卓电视等）通过浏览器进行视频播放或文件下载。

4. 传统方式下一对一的文件传输功能实现

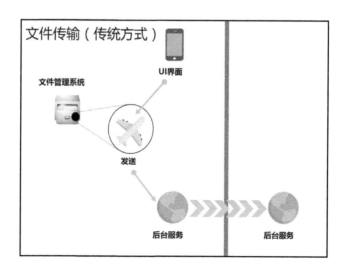

在两部手机建立连接之后，直接使用后台服务之间已经建立的通信进行文件传输，达到一对一传输的效果。

■■—设计重点难点—■■

《纸飞机》这款软件，从需求入手（无网条件下使用一部手机"在线"播放另一部手机中的视频资源），创造性地在手机端部署了网站服务器，进行视频的流式传输，实现了一对多的视频分享。

软件开发的难点，主要在于对于解决方案的选取。在一开始有了软件各项功能需求之后，通过不断尝试，最终选定在手机端部署网站服务器的实现方式。在实现了基础功能（"在线式"播放）后，又不断挖掘新的用户需求，进行新一轮的开发。最终实现了视频的同步播放（为情侣或家庭共享视频提供，营造多屏互动的电影氛围）、视频的跨平台分享（便于朋友旅途中的分享、开会时必要视频的展示）、文件的群发（运用于会议文件的传输），为用户提供诸多便利。

视频的流式传输是一个难点。选用的轻量级服务器 nanohttpd，其本身是使用的 Socket 和客户端进行交互，原理是使用了 HTTP 协议对所传输的内容进行了包裹。为实现媒体的流式传输，需要自行解析客户端传来的调节视频进度的指令，然后获取到客户端想要看到的视频的进度信息，再将原始视频进行分割，提取到相应的位置，最后进行传输。这里需要熟知 HTTP 协议的相关内容。

如何实现对于视频的同步播放，在同步播放的同时进行弹幕信息的收发，是软件开发过程中的不可避免的难点。显然，单纯地使用之前提到的服务器 / 浏览器的模式，是很难实现的（由于使用的轻量级服务器，使用 Websocket 来实现难度较大）。因此，在这里，采用 C/S 架构和 B/S 架构双重架构：使用 B/S 架构进行流媒体的传输，使用 C/S 架构进行进度信息以及弹幕信息的显示。

软件的另一个难点，在于实现多功能的同时兼顾良好的用户体验，在接受了部分用户的反馈之后，引入了状态转换的机制。当用户进行一些操作的时候，判定当前状态是否为合法状态（按照状态转换图进行是否为合法状态的判定）：若状态非法，弹出提示，向用户善意提醒并进行有效引导；若状态合法，则执行相应操作。

■ — 作品分类 —■

大　类：软件应用与开发　　　　**小　类**：Web 应用与开发

获得奖项：一等奖

参赛学校：沈阳工业大学

作　者：刘昕禹　周才人　王　琛

指导教师：邵　中　牛连强

■ — 作品简介 —■

　　本作品是一款服务于篮球教学训练和临场指挥的电子战术板软件，可替代传统白板，成为专业队或业余爱好者进行篮球战术设计、推演、分析和交流分享的辅助工具。使用者仅需通过点击、拖动等简单操作即可快速完成多种比赛模式下的战术设计和动画演示。战术方案可离线存储为设备本地的图像文件，亦可上传至服务器并分享给指定群组的其他成员。作品以自主研发的 HTML5 路径动画引擎为内核，基于浏览器运行，具备跨平台性，在计算机及各类移动智能设备上均可使用。设计中采用比例坐标系统和响应式 Web 技术，能够自动适应不同设备屏幕分辨率并提供良好的操作体验。目前本作品已在多家用户单位实际使用并收获好评，具有显著的应用价值和推广前景。

■ — 安装说明 —■

1. 服务端安装说明

　　（1）服务器端需安装 Apache 2.2.16、PHP 5.1.50、MySQL 5.1 环境，运行提交作品材料中"2 素材源码 \PHPnow"内的 Setup.exe 文件，选择 Apache 2.2.16 版本、MySQL 5.1.50 版本，根据提示完成服务器环境部署。

　　（2）将源程序文件复制到 Apache 安装目录下的 htdocs 目录下。

　　（3）运行服务器端浏览器程序访问网址 http://localhost/ 进入配置页面，输入数据库地址（默认为 localhost）、用户名（默认为 root）、密码［由步骤（1）中自主设置获得］、库名，点击"测试连接并生效配置"即可完成服务端的安装。

2. 客户端提供两种访问使用方式。

　　（1）扫描二维码。

　　（2）在浏览器中输入网址 basketball.liuxinyumo.cn。

　　注意：客户端需使用支持 HTML5 标准的浏览器程序，如 Chrome、Firefox、Safari、Opera、IE9 及以上版本。

1. 软件界面效果

2. 比赛模式的选择

 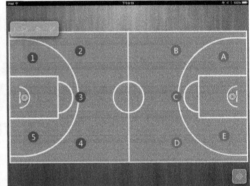

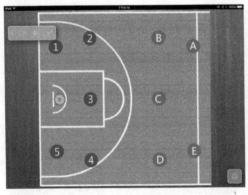 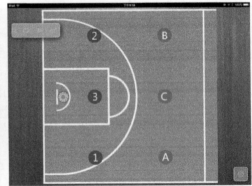

3. 战术设计与回放

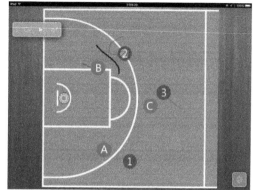

4. 战术存储

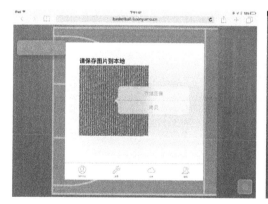

5. 群组共享

6. 群组管理

7. 不同设备分辨率的自适应展现

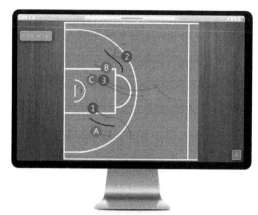

■ 设计思路 ■

　　本作品在物理结构上分为服务器端和本地应用端两部分。服务器端以 PHP 语言实现用户注册、群组管理、战术分享及联机战术存储等功能。本地应用端基于 HTML5 API 和 JavaScript 语言开发，内部又分为应用层、动画引擎、存储处理器和图形元素库四部分。

　　应用层用于提供软件界面并响应用户操作，同时负责将界面交互事件和用于绘制场景的 Canvas 对象注册给动画引擎。

　　动画引擎由驱动器、渲染器和日志队列构成。驱动器提供界面事件的委托方法实体，负责根据用户操作拾取图形元素并产生对应动画指令；渲染器根据动画指令完成对 Canvas 对象的重绘；日志队列首先对动画指令进行比例坐标变换，此后将其转换为 Json 文本格式并缓存于队列中。

　　存储处理器负责与动画引擎中的日志队列交互，依据不同存储要求分别调度联机处理单元或离线处理单元。联机处理利用 Ajax 通信机制将 Json 指令集传送到服务器端保存；离线处理单元则通过 Base64 编码处理和颜色映射算法将 Json 指令集转换成图像文件并保存在设备本地。

　　图形元素库负责提供各种基本图形对象，如队员、篮球等。所有图形对象均实现 IGraphElement 接口规约，按一致方式被动画引擎中的渲染器调度使用。

　　下图给出了 Web 篮球战术板设计方案的简要表示。该方案层次清晰，便于扩展，仅需对应用层和图形元素库进行少量调整扩充即可快速满足其他运动项目的使用需求。

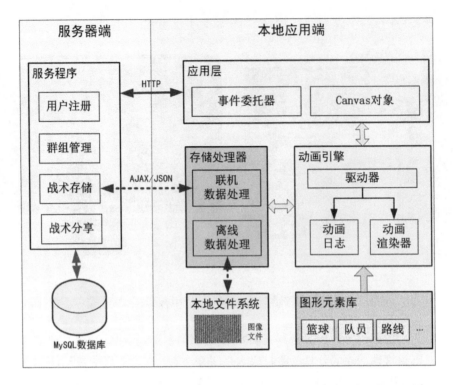

设计重点难点

1. 路径动画引擎设计

路径动画引擎是本作品的核心组件,负责接管界面交互请求并完成与动画生成和记录有关的工作。将动画引擎抽象为一种 HTML5 路径动画的通用解决方案,避免与具体功能及动画元素的紧密耦合是设计中的关键问题。为实现这一目标,本方案在引擎驱动器中利用事件注册和委托机制解除与应用层的直接关联,在渲染器中利用 IGraphElement 接口隔离对图形元素库的直接依赖,保证了引擎组件的独立性和可复用性。

2. 战术动画的离线存储方法

支持战术动画的离线存储是本作品的重要目标。其难点在于浏览器禁止脚本程序直接操作本地文件系统,尽管在少数浏览器中存在变通之道,但并不具备普遍适用性。项目组合理利用了浏览器支持下载保存图片文件的特性,通过 Base64 编码和颜色映射等技术手段实现了动画数据与位图图像的相互转换,达到了预期目标。

3. 在不同屏幕分辨率下的自适应展现

为确保在计算机、iPad、手机等智能设备中均具有良好的用户体验,在设计中引入了"比例坐标"的概念。以 w 和 h 分别表示 Canvas 容器的宽和高,以 (x,y) 表示点 P 在该容器坐标系中的绝对坐标,则点 P 对应的比例坐标可表示为 (x/w, y/h)。本作品基于比例坐标系来记录和存储动画场景中的元素位置、尺寸及距离,并通过建立屏幕坐标系、Canvas 坐标系和比例坐标系的变换关系,有效解决了动画场景在不同设备分辨率下的自适应展现问题。

■—作品分类—■

大　　类：数媒设计专业组　　　　　**小　　类**：产品设计
获得奖项：一等奖
参赛学校：安徽大学
作　　者：吴晶晶　李翔宇　马　洋
指导教师：岳　山

■—作品简介—■

　　本作品是一款天鹅形状的加湿器。以天鹅的形态特征为作品的灵感来源，关闭状态的加湿器是天鹅在水边休憩的状态，双翅紧贴在身体两侧，展现优美身体线条；工作时的加湿器，水雾从背部出气孔处缓缓喷出，喷出的水雾就像是天鹅张开的双翅，与加湿器本身完美结合，模拟出天鹅即将振翅高飞的状态，栩栩如生。天鹅形态的加湿器直观贴切地展示了天鹅本身的优雅美丽，唤醒人们心中对动物的喜爱，给人一种柔软温和的感觉，是人与动物和谐相处的体现。该加湿器的另一亮点是指示灯的设计，与天鹅外观完美切合，充分照顾到该作品的完整性和统一性美感，精细处的完美设计更是该作品的品味大幅提升，强迫症患者的福音。

■—安装说明—■

　　双击直接打开文件即可。

■—演示效果—■

设计思路

1. 产品构思来源

（1）大赛主题"人与动物和谐相处"。以"人和动物和谐共处"为主题进行产品设计，我们选择从人的视角出发，体现出动物的活泼可爱，唤醒用户的情感认同，促使用户与产品产生更亲近的感情。

（2）人类生活随处可见动物的"影子"。生活中以动物外形作为灵感来源的仿生产品有很多，小到以鱼鳍为灵感来源的船桨，大到以鸟为原型创造出的飞机，无处不体现着动物对于人类社会的巨大价值，人类社会的进步向来离不开动物的身影。

2. 市场需求分析

（1）购买加湿器的必要性。

空气湿度大小又是体现空气质量的重要参数，空气中相对湿度的大小会对环境中的人和物产生相应的影响。湿度是构成空气洁净度、舒适性从而影响产品质量以及人们生活质量的主要因素。

冬季气候干燥，空调房中灰尘、悬浮颗粒物污染严重超标，病菌易传播。人易感冒、皮肤过敏，肌体免疫力下降，体内水分也加速流失，皮肤变得干燥。

现代工业生产的绝大多数木质装修用品中，含有一定的甲醛等有害物质，空气的净化和加湿尤为必要。

所以，加湿器作为时尚小家电，它能为家居环境带来清新滋润的空气，因而越来越受到人们的青睐。

（2）消费人群。

① 目前主要消费人群为年轻白领。加湿器，空气净化器这类的产品认知度还不高，其消费人群还有一定局限性，这类产品的主要消费人群都集中在大城市，一般都是有一定文化层次且对生活质量有一定要求的人，多数为大城市的白领一族，而且多集中在年轻人。

这类人的收入和消费水平都比较高，对新事物的接受能力也比较强。② 潜在消费人群为老年人。加湿器有保健美容的作用，因此对老年人，病人和对美容保养比较关注的人来说是很有用的。

（3）产品设计定位分析及总结。

目前市场上加湿器产品并不多，风格也比较单一。综合以上调查得出结论：卡通型产品过多，已经不能满足人们的审美需求，且适应力不强，并随着家居生活日益现代化，简洁、大方的造型将会逐渐兴起，同时也适合现代家居的装饰风格，在各种场合使用都比较合适。

现有加湿器无法融合生活趣味性，单纯的造型和千篇一律的结构无法为生活带来简单的趣味。

突破口：简洁、大方、现代化感强的产品；将简单的"喷水雾"变得具有趣味性。

① 产品定位：现代，简洁，高质感。设计一款适合年轻人，符合年轻人所追求的现代、简洁、大方、具有科技感风格的加湿器。

趣味性。将加湿器的功能性和趣味性结合起来，赋予该款产品与传统加湿器不同的意义。从细节改变生活，增添生活乐趣。

美观，创新。在现代人普遍追求家装美观时尚的大背景下，该款加湿器需要具有一定的审美意义和创新价值。

仿生。利用仿生学，结合自然界动物特有的流线型美感，通过形态捕捉和推敲设计该款加湿器。

② 设计目标。

以天鹅形态为发想基础，作品具有流畅的线性外形和天鹅高雅美观的意义；不同于现有加湿器的传统圆柱形外形，流线型天鹅外形具有独特的审美价值和创新意义。推动现有加湿器市场的发展。

满足年轻用户对美观大方加湿器的市场需求，设计一款满足居家氛围和办公场合需求的加湿器，使其使用场景更加丰富，更加具有市场。

喷雾方式与天鹅张开翅膀结合起来，功能性与外观相结合，并且具有一定的趣味性。结合方式合理巧妙，具有创新性，为加湿器发展提供新思路。

为产品赋予"改善生活，增添生活乐趣"的意义。

设计重点难点

1. 设计重点

（1）形态推敲。

① 提取天鹅的真正形态，在此基础上进行意象化处理，简化，提取标志性意向（如流线型、修长等）。

② 对其头部做艺术化处理，进行形象的浓缩和创新。

（2）材质探究。

① 异材质结合。形态分为两大主体：头部与身体。设计点：

- 头部与身体既要有机结合，不突兀，体现整体形态的流畅性和简洁性，又要有所区别，具有独特的审美价值和观赏价值。

- 除形态外,材质选用两种可温润结合的不同材质。在尝试了多种材质（如塑料、薄膜、木材、玻璃、金属等）之后,最终选用玻璃和塑料两种材质。

② 材料选用标准。设计点:

- 头部希望体现澄澈洁净的意向,与天鹅的传统意向圣洁、高雅相呼应,故选用玻璃材质。
- 身体形态需要极高的连贯性和光滑度,并且需要防水、具有较高的兼容性、满足功能需求,并要与玻璃较好地结合,体现现代化的设计感;塑料具有极高的兼容性,在产品设计上应用广泛,且具有可塑性强、重量轻等优良特点。故选用塑料材质。

（3）功能性。设计创新点:

① 喷水效果为天鹅张开翅膀效果。改变传统加湿器喷水方式单一、单调的情况,将喷出的水雾和加湿器主体形态进行有机结合,形成天鹅张开翅膀的形态和意象,无论是开启还是关闭时都具有极高的装饰意义,对传统加湿器来说是极大的创新。

② 提示灯效果。满足提醒用户加湿器所剩电量和水量的功能,但在主体上加显示屏或提示灯均破坏整体造型的统一性和美感。故应寻找更加创新的解决方式。

2. 设计难点

（1）难点一为排气孔设置。排气孔的设置数目和形态均为需要考究的设计点。须解决以下两个困难:

① 为达到张开翅膀的视觉效果,排气孔的数目、位置、大小均需要做大量的实验和尝试。

② 为达到整体形态的统一,排气孔需达到美观简单的要求。

解决过程:

① 调查市场现有排气孔,寻找突破口。在搜集了大量资料,做了大量调研的情况下得出:

- 目前现有加湿器排气孔一般为普通的圆形孔洞或凹陷,视觉上较明显;
- 形态单一,无法满足造型需求。

② 研究出水方式。目前市场上加湿器主要有 3 种:

- 超声波加湿器:采用超声波高频振荡,将水雾化为 1.5 微米的超微粒子,扩散至空气中,从而达到均匀加湿空气的目的。
- 纯净加湿器:除去水中杂质,再经过净水洗涤处理,最后将纯净的水分子送到空气中从而达到加湿空气的目的。
- 电热式加湿器:是用发热体将水加热至沸点,产生水蒸气并释放到空气中进行加湿,是最简单的加湿器。

其中,超声波加湿器一般需要较大体积,电热式加湿器喷雾带有一定温度,有一定的危险性。纯净型加湿器耗能较小,且喷雾造型美观,喷雾量可满足设计需求。故选用纯净型技术模式。结合造型需求,设置两排出气孔、一排 3 个作为最终方案。

③ 造型限制。由于排气孔数量较市面上相比较多,且位置位于主体形态的后方位置,较为明显,故传统明显凹陷或孔洞排气孔无法满足需求。

解决方法:

- 形态:选用圆角矩形,与主体面的结合采用圆角过渡连接,过渡柔和不突兀。

- 排气方式：采用浮雕形式，矩形边缘内陷，从边缘凹陷部位排气；中间矩形方便遮盖内部结构，并与主体形态相呼应。整体结合自然柔和。

（2）难点二为指示灯。需解决以下两个困难：

① 指示灯不能破坏整体造型美感。

② 需具有简洁明了的指示功能，满足用户使用功能性。

说明：

由于头部为玻璃材质，且包裹部分主体塑料材质，故在主体内部镶嵌 LED 指示灯，电量较多时蓝色指示灯发光，通过头部玻璃材质的折射，使整个头部呈现若隐若现的蓝色光芒。

电量不足时，红色指示灯发光，提醒用户及时进行充电。

设计亮点：

- 指示灯通过玻璃材质，将小小的指示灯的功能性和醒目性放大，满足了材质对功能的完美辅助。

- 材质满足了对美感的需求，设计方式独特，具有创新性，为今后加湿器市场指示灯设计提供了新思路。

■■■ 作品分类 ■■■

大　　类：数媒设计中华民族文化组　　　　**小　　类**：动画

获得奖项：一等奖

参赛学校：湖北理工学院

作　　者：耿志豪　亢艳丽　赵　芳

指导教师：胡伶俐

■■■ 作品简介 ■■■

　　短片三维动画《戏说关东糖》的故事灵感来源于每年小年进行的祭灶这个民俗活动，以及在这个民俗活动中所用到的面塑、关东糖等传统手工艺品。同时根据民间传说每年小年人们为了让灶王"上天言好事，回宫降吉祥"，就用一块黏稠的糖瓜粘在他嘴上，以使其"嘴甜"只说好事的来由进行创作。

　　短片讲述了厨房内，跳上供桌的小猪面塑无意间闯了祸，将要面临灶王的惩罚，他的面塑小伙伴为救小猪面塑齐心协力与灶王斗智斗勇，在这个过程中，小老鼠面塑发现了糖瓜的黏性特点，然后成功地用糖瓜将灶王的嘴给粘上了。在灶王上天的时辰到时，无奈嘴被粘住无法言语，小面塑们也因此幸免灾难。

■■■ 安装说明 ■■■

　　在媒体播放器中播放即可。

■■■ 演示效果 ■■■

■■■—设计思路—■

本作品的设计思路来源于小年"祭灶"这个民俗活动中所涉及的面塑、关东糖，以及灶王年画这些传统手工艺品，并且从民间故事中也获得灵感。民间相传，每年小年灶王都要回天庭向玉皇大帝述职，禀告人间善恶是非。人们为了让灶王"上天言好事，回宫降吉祥"，就用一块黏稠的糖瓜粘在他嘴上，以使其"嘴甜"只说好事。因此，关东糖也就成为了祭灶中不可缺少的贡品……在民间还有"小年到，面塑俏""二十三，糖瓜粘，灶王老爷要上天"等谚语，这些都充分地体现了小年与面塑和关东糖之间的紧密关系。因此作者以这三个"祭灶"的典型事物作为角色创作了短片。

■■■—设计重点难点—■

1. 设计重点

（1）场景：室内场景的布局和内部物体，如供灶王的神龛、供桌、灶台、蒸笼、花门帘及桌下的花布等，都是以北方民居"窑洞"为参考进行设计，使其具有中国传统建筑的特色。通过材质和贴图的绘制体现出物体的质感，通过灯光烘托出场景的氛围。

（2）角色设计：4 个面塑，依据传统民间手工艺面塑的造型为创作原型，在现实原形的基础上运用超轻黏土模拟面塑的特点进行了造型的再设计；身上的红色纹样以传统的年糕和粑印纹样作为设计来源，材质则力争表现出馒头蒸熟后表面的纹理和质感。灶王爷，造型根据翻阅的书籍以及网上查找的素材，再结合灶王爷在本短片的性格进行设计，颜色主要以黄色为主色调，衣服上的花纹采用云纹作为点缀，符合传统文化的特点。关东糖，又称为灶王糖，基本上是对现实原型的还原。

（3）角色的表情：将灶王根据脚本设计出生气、得意、无奈、开心、想象等一系列符合剧情发展的表情，然后利用 3ds Max 中的"变形器"工具进行调节，塑造出一个个夸张而生动的面部表情。

（4）角色的动作：根据脚本对 4 个面塑角色的性格特征进行定位，在此基础上设计出符合性格特点和剧情发展的运动状态，然后运用 3ds Max 中的"IK 骨骼""空间扭曲""变形器"等工具配合调整完成。

（5）二维设计：主要表现灶王想象着自己将闯祸的小猪面塑抓到天庭向玉皇大帝汇报的情景。人物形象和色彩的绘制都与三维部分的风格进行了统一。

（6）后期：运用 AE 软件，通过三个方面调整画面效果。首先用"色阶"来提亮画面的亮部；再通过"ID 遮罩"单独调整单个物体的颜色；最后运用"场深度"来调整画面的景深。配音与剪辑主要运用 PR 软件实现。 短片中部分音效可以从网上收集购买获得；部分可以采用录取实际生活中的声音；还有部分是需要专门配置的，如片尾的童音是要找幼儿园的小朋友表演和声。

2. 设计难点

（1）前期，要将故事的情节安排的合理，角色设计、场景设计要符合剧本情节的设定。

（2）中期，在制作模型时，因为灶王爷有拟人化所以是一个难点。在调节动作和表情时灶王需要按照人的动作和表情制作，涉及节奏和夸张度的把握是否适当，这是灶王角色动作和表情的难点。再者面塑动作的重力感的表达和软弹效果也是一个难点。

（3）后期，调色和剪辑时的节奏是后期中的难点，节奏把握不准确会影响整部片子的表达。配音有烘托氛围的作用，也有一定的制作难度。

■— 作品分类 —■

大　　类：数媒设计动漫游戏组　　　　**小　　类**：游戏与交互

获得奖项：一等奖

参赛学校：东北大学

作　　者：吴嘉琪　谷祖安　崔子源

指导教师：王英博

■— 作品简介 —■

　　《盲人与狗：导盲犬》是一款 PC 端横版漫画风格的解谜类游戏。玩家通过操纵导盲犬拾取物品，寻找物品以及引导主人通过各种关卡达成通关目的。 在关卡内容的设置上，作者首先加入了教学关卡，方便玩家更好地熟悉游戏的操作。 游戏共设有室外及室内两大章节，玩家将通过操纵导盲犬完成包括引导主人穿过马路、获取主人所需物品等任务，在完成任务的同时也将进一步了解导盲犬的职能。作者希望游戏在拥有可玩性的同时，也能让玩家更了解导盲犬这一工作犬种，并通过介绍导盲犬，利用这一正面的形象向玩家展示出人与动物的相互协作、和谐相处的中心主题。

■— 安装说明 —■

　　将文件解压后，双击 .exe 文件开始游戏。选择 fantastic 并选择当前最高分辨率进行游戏。遇到某些特殊问题请重启游戏。

■— 演示效果 —■

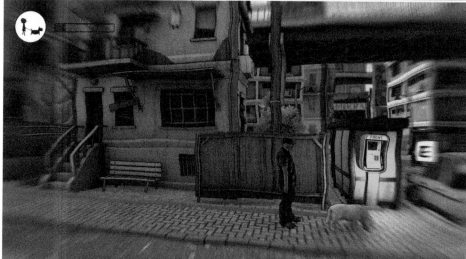

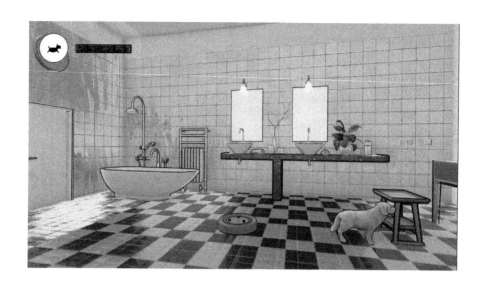

■■■ 设 计 思 路 ■■■

在一开始接到人与动物和谐相处的题目之后，作者想通过展示濒危动物以及人类对于动物和大自然的破坏来呼唤人与动物和谐相处，从而展现主题。但后来经过不断地讨论和研究之后，认为游戏应该有更深层次的实用性和教育意义。

导盲犬作为工作犬，它对于视障人士的作用是巨大的，也更能凸显出人与动物和谐相处的主题。与此同时，由于人们对于导盲犬的认知还不够，很多人并不知道导盲犬和宠物犬的区别，在中国很多地方使用导盲犬仍然会有限制。

所以，作者选择制作解谜类型的游戏，通过不同的环节向玩家介绍导盲犬的工作，包括寻找物品、引导主人穿越马路等。除此之外，又根据狗的嗅觉敏锐设计了小功能来展示它的特点。

■■■ 设 计 重 点 难 点 ■■■

《盲人与狗：导盲犬》是一款 PC 端横版半漫画风格的解谜类游戏，其设计的重点在于如何在设计游戏解谜流程的同时还原导盲犬真实的工作，并且展现和主人之间的互动。

1. 画面 shader

在设计中为了符合半漫画风格，作者编写了滤色、特殊反光、边缘加强的漫画 shader，使得游戏整体的线条接近于漫画，而某些金属和玻璃材质也在真实和漫画夸张的表现手法中找到了一个平衡点。

2. 狗与人的互动

本款游戏主要聚焦与狗与人的互动上，玩家需要用过操控狗来完成引领人的任务。在程序实现时需要考虑到游戏的过程中可能会出现的一些问题，并对代码和场景流程进行调整。

3. 音乐

为了契合游戏风格，作者自行创作音乐，对音乐进行混音，使得背景音乐契合各个关卡。

■—作品分类—■

大　类：数字媒体设计专业组　　　　**小　类**：图形图像设计
获得奖项：一等奖
参赛学校：东北大学
作　者：陆展煊　崔曦文　许健垚
指导教师：李宇峰

■—作品简介—■

本作品的创意来源于中国传统对联以及从古至今人与动物的关系。春联，又叫"春贴""门对""对联"，它以对仗工整、简洁精巧的文字描绘美好形象，抒发美好愿望，是中国特有的文学形式。作者以对联为载体，选择了人类生活中比较有代表性的4种动物，分别是马、鸡、狗、鸟。通过可爱生动的卡通形象与书法相结合，体现了人与动物和谐相处的主题，也是现代文明社会进步发展的一大要求。

每一幅作品都展现了不同的温馨场景，烘托了不同的氛围，但都表现了人与动物和谐相处的美好景象。无论是细节还是整体，都洋溢着幸福与快乐。

本作品一方面传承对联的传统格式要求，一方面又赋予其新的生机与活力。

■—安装说明—■

海报可利用Acdsee、美图看看、XnView、光影看图等看图软件打开播放。视频可用暴风影音、迅雷看看等视频播放器打开观看。

■—演示效果—■

1. 作品展示

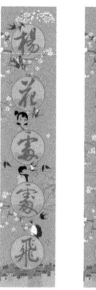

2. 细节展示

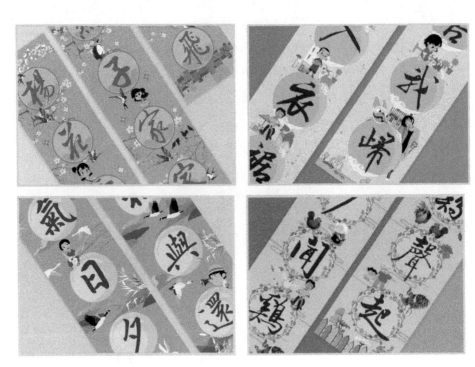

3. 文创产品

■— 设 计 思 路 —■

首先，作品从对联的传统表现形式入手，选择了几首关于动物的有代表性的诗词。所有字全部由成员以行书、楷书、隶书等书法字体书写而成，然后将手写体扫描入计算机做成矢量图。

其次，作者用计算机绘制了马、鸡、狗、鸟4种动物不同形态动作的卡通形象，以及与人类共同训练、玩耍、生活的多个小场景，与书法字体相结合，有目的地摆放在合适的位置。相互配合，相得益彰。这些动物不论是在与人类同生共死的古代沙场，抑或是陪伴人类生活、与人类相互依赖成为挚友的现代社会，都有着重要地位。

最后，根据诗句含义以及画面氛围选择了祥云、藤蔓、花朵、蝴蝶等装饰连接，使整个画面更加整体与丰富，作品更加饱满和充实。

设计重点难点

1. 重点与难点

（1）用对联和图案展现场景烘托氛围，是一大难点。既要避免做成传统春联的样式，也不能让文字太过显眼，所以图案与文字的配合是设计过程中的重点与难点。

（2）对联内容与图形插画如何巧妙地结合也是设计过程中的重点和难点。

2. 对策

（1）用颜色和底纹图案区分种类，以图案和装饰物烘托氛围。

（2）用大量的图形插画和底纹图案丰富整个画面，使图案成为作品主要内容，书法成为辅助内容。

■—— 作品分类 ——■

大　　类：数字媒体设计专业组　　　**小　　类**：数码摄影及照片后期处理
获得奖项：一等奖
参赛学校：东北大学
作　　者：朱家莹　古德宏　李婉旖
指导教师：霍　楷

■—— 作品简介 ——■

　　根据大赛的主题，作者从人和动物的角度出发，探索人和动物之间真诚的情感。通过观察身边现象和对同学们进行询问等方式，发现近些年来，很多呼吁人们保护动物的宣传海报等都是很血腥的，用强烈的视觉刺激人们产生保护的想法，这种方式虽然有作用，但是难免让人会有不舒服的感觉，所以作者决定采用更加温和的手法。作品的创意来源是去动物园拍摄过程中，孩子们天真无邪的笑脸激发了作者本次比赛的创作灵感——想到了在人群之中，最天真无邪、最纯净的代表：小女孩。通过不断地讨论，最终决定将小女孩和动物以及唯美的场景结合在一起，通过女孩和动物的互动来体现主题，并且给人留下深刻的印象。

■—— 安装说明 ——■

　　作品图片点击即可直接观看，演示视频在暴风影音、爱奇艺等各类视频播放软件中播放即可，如需观看 PSD 格式源文件，可以用 Photoshop 打开观看。

■—— 演示效果 ——■

▰ 设 计 思 路 ▰

　　首先通过网上查阅各种资料，参考名家作品，线下不断讨论，集中意见，最后得到一套完整的摄影方案，包括小女孩的取材、动物的取材、场景的取材等。

　　然后积极取材。为了完成小女孩、动物以及场景的取材，作者走遍了不同城市的动物园、海洋馆以及各种风景优美的景点。

　　之后运用软件在计算机上将三种元素有机、完美地合成，以一种超现实主义的形式来体现作品的主题。希望通过作品可以传达对人与动物深厚感情的歌颂，以及对保护动物关爱动物活动的呼吁，让更多人产生共鸣。

　　最后是发展这次摄影的周边，有明信片、卡贴等。

1. 设计重点

重点在于在计算机上灵活运用软件，将人物、动物、景物整合化一、完美结合在一起，仿佛就和直接摄影的照片一样；追求艺术个性，在布局设计上，结合了三人的奇思妙想，致力打造独一无二、美轮美奂的作品，在后期合成的过程中，也为了达到一定的艺术美感，精细挑选合适的摄影素材进行细致入微的后期制作；还有一个重点就是要强化推广意义：通过创作《万物生》摄影作品，传达对人与动物深厚感情的歌颂，以及对保护动物关爱动物活动的呼吁。如今社会上人类虐杀动物、破坏生态平衡的现象时有发生，作者希望借此机会，让无知的猎手放下手中的猎枪，珍爱万物的生命，使其一起茁壮成长，共创明天。

2. 设计难点

女孩的取材比较困难，作者有幸联系到了两位可爱的小朋友作为模特，在公园进行拍摄。在拍摄过程当中，小女孩需要在无实体的情况下做出相应的动作，这是最关键的一点。很感激的是两位小模特都特别配合，取材很成功。另外的难点就是寻找不同动物，以及抓拍它们生动的动作。为了取材，作者跑了很多动物园、海洋馆以及很多户外场所，其中主要包括广州长隆动物园、沈阳冰川动物园以及抚顺海洋公园；场景的取材是在各种风景区、公园、学校等。

最后一个关键步骤，是通过运用软件在计算机上将三种元素有机地、完美地合成，以一种超现实主义的形式来体现作品的主题。

■━ 作品分类 ━■

大　类：数媒设计动漫游戏组　　　　**小　类**：动画
获得奖项：一等奖
参赛学校：辽宁工业大学
作　者：葛仁闯　祝嘉辉　宫利曼
指导教师：赵　鹏

■━ 作品简介 ━■

　　本作品大致分为4步：由介绍穿山甲开始，到穿山甲的现状，以及功效可以被代替，最后呼吁大家一起来保护。本作品是一个解说性三维动画短片，画面由小女孩的声音引出，虽然天真可爱地为大家介绍穿山甲，但却形成鲜明的对比，更加使人深思。

■━ 安装说明 ━■

　　在媒体播放器中播放即可。

■━ 演示效果 ━■

■■■ — 设 计 思 路 — ■■■

（1）调研相关资料，新闻上不断报道有关穿山甲被大量捕杀，并且濒临灭绝的信息，呼吁人类保护穿山甲。

（2）以地球为前提，把 8 个场景放进地球，形成 8 个格子，解说起来更加清晰明了，转场更加有趣味，最后形成地球的模样，具有一定的寓意。

（3）从穿山甲的生活习性、特点、被捕杀、鳞片构成成分、地球分布、贸易市场、鳞片替代品、呼吁保护 8 个方面以解说形式讲解整部动画短片。

（4）使用三维软件 3ds Max 制作模型、渲染动画，Photoshop 画贴图，After Effects 后期合成，Audition 处理声音，Premire 调整整体并渲染成片。

■■■ — 设 计 重 点 难 点 — ■■■

1. 设计重点

场景搭建、创建模型、UVW 展开、转场效果、解说词与视频匹配，以及整体颜色搭配。

2. 设计难点

模型建造、角色的绑骨骼和调动作、场景角色的贴图、渲染动画。

作品分类

大　　类：软件应用与开发　　　　**小　　类**：管理信息系统

获得奖项：一等奖

参赛学校：武汉大学

作　　者：杨伊迪　朱思宇

指导教师：江聪世　黄建忠

作品简介

　　本项目设计了人脸识别检测系统,用于对人脸面部特征（如性别、年龄、嘴角幅度、表情、眼球等）数据进行抓取采集。然后,通过把广告测试系统（装有人脸识别客户端的广告牌）放在各大人流量密集的商场、火车站等公共场所进行广告投放中的市场效果测评,从经过行人对广告牌表现出的不同面部特征中收集海量的数据信息,经过基于 Hadoop 分布式存储计算框架的大数据分析挖掘系统,存储并应用 FAEM 广告评价模型算法分析人脸特征与广告效果之间的潜在关联,以及据此做出投放效果的预测和评价,让机器大脑（ADam）帮助企业做出对产品广告的投放效果以及观众的心理效应的准确判断,能够做出更加客观真实且科学的评价,以便进一步地做出更加准确的改进和决策。同时,将能有效避免广告资金的浪费,提高广告投放效益的转化率。

安装说明

1. 安装 CARD 客户端

　　（1）首先检查计算机中的 Java 运行环境,要求 JRE1.8 及以上、64 位。如果不符合要求,请到 Oracle 的官网上下载,下载地址为 http://www.oracle.com/technetwork/java/javase/downloads/jdk8-downloads-2133151.html, 下载 jdk-8u91-windows-x64.exe,并将其配置进系统变量。

　　（2）检查计算机中的 MySQL 数据库,要求 MySQL 数据库 5.1 版本以上,如果不符合要求,请到 MySQL 的官网上下载,下载地址为 http://dev.mysql.com/downloads/installe,下载 mysql-installer-community-5.1.37-msi。

　　（3）将代码包 / 广告集合文件夹移动到计算机“C:\计算机竞赛 \ 广告集合 \”,如果 C 盘没有相应的文件夹,请新建相应文件夹。（数据库中的广告表中路径字段采用绝对路径）

　　（4）在 MySQL 数据库中新建数据库,数据库使用端口默认为 3306,数据库名为 ADam,用户名为 root,密码为 000000,执行代码包 / 数据库脚本,将数据库表导入数据库中。

（5）下载 opencv3.0 后，将 opencv SDK 放在 C 盘根目录下。

（6）双击 ADam 打包文件 /CARD.jar，即可运行 CARD 客户端。

2. 安装数据分析系统（同时也有 Web 版的数据分析系统）

（1）首先检查计算机中的 Java 运行环境，要求 JRE1.8 及以上，64 位。

（2）检查计算机中的 MySQL 数据库，要求 MySQL 数据库 5.1 版本以上。

（3）解压 CardData，将代码包 /CardData 移动到计算机 C:\Users\edieyoung\work-space，如果 C 盘没有相应的文件夹，请新建相应文件夹。（广告数据、图表等中的路径字段采用绝对路径）

（4）在 MySQL 数据库中新建数据库，数据库使用端口默认为 3306，数据库名为 CARD，用户名为 root，密码为 000000，执行代码包 / 数据库脚本，将数据库表导入数据库中。

（5）双击 CardData 打包文件 /CardData.jar，即可运行数据分析系统。

■■■ 演示效果 ■■ ■■■■■■■■■■

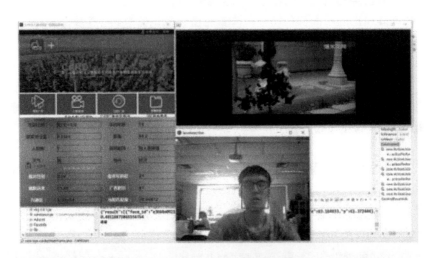

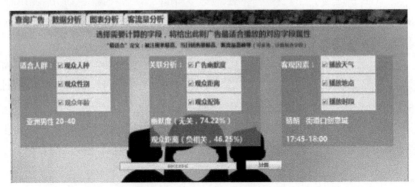

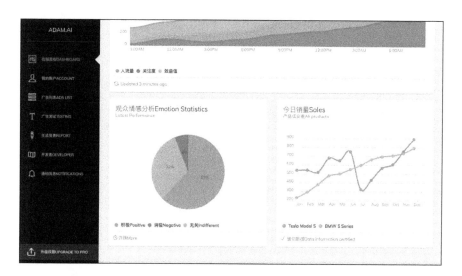

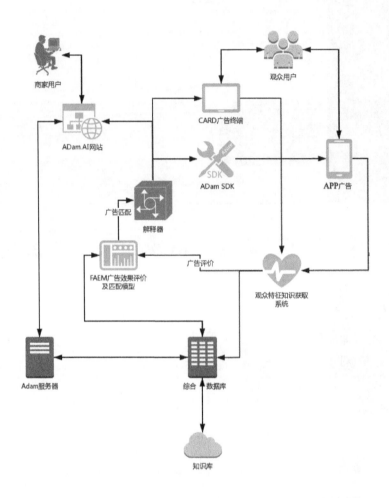

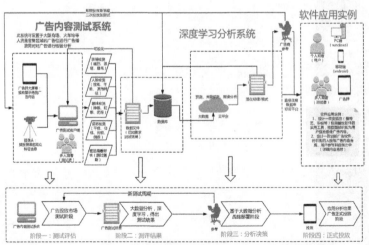

ADam-基于深度学习的广告（视频）评价与商务智能决策系统

1. 专家系统实现广告精准投放

本系统不仅采用常见的定向型方式对广告进行精准投放，更重要的是它采用了基于用户行为特征（人脸识别）的精准广告投放方式的系统。实现广告精准投放具体由以下3个功能入手：

（1）实时查询广告：ADam数据分析系统能够快速查询广告的属性，包括分析得出广告图幅中的关注热点（观众兴趣区），便于商家对广告本身有客观的了解与评价。

（2）数据关联分析技术：ADam分析系统能够运用大数据分析技术，通过关联分析帮助商家分析出广告的投放效果受哪些因素影响，从而做出更有利于提高广告影响力的决策。

（3）深度学习分类技术：ADam深度学习系统是本项目的技术重点，即通过各个终端进行数据采集，对ADam神经网络进行长期训练，包括对观众对广告喜爱程度的分类、广告投放效果的分类以及模仿人类经验结合知识作出广告投放决策的功能。通过机器学习的过程，ADam能够为更多的广告投放效果作出评价与决策并提出方案，充当着本项目的核心"大脑"的任务。

另外，系统具有数据可视化功能，能够为商家直观呈现广告的投放以及收视情况，观众的反应以及广告投放的效果，以便商家正确意识到当前的广告投放形式，掌握观众需求的最新动态趋势。

2. 人脸识别 Face Recognition

采用传统的基于haar特征利用adaboost算法训练出级联的分类器。

3. 人脸关键点定位

（1）首先把人脸图片裁剪出来，使得输入CNN的图片范围越小越好，然后输入CNN中（只需要保证要定位的5个特征点包含在里面就可以了）。

本层次CNN模型的输入：原始图片（即图1）。

本层次CNN模型的输出：包含5个特征点的bonding box，预测出bounding box后，把它裁剪出来，得到图2。

（2）采用CNN，粗定位出这5个特征点：

图3中，蓝色的点是正确的点；红色的点是采用本层次网络CNN模型，预测定位出来的特征点。这一层次又称网络特征点的初始定位层，是很粗糙的一个定位。然后根据cnn的粗定位点（也就是红色的点）作为中心，裁剪出一个小的矩形区域，进一步缩小搜索范围：

本层次CNN模型输入：包含5个特征点的bounding box图片（即图2）。

本层次CNN模型输出：预测出5个特征点的初始位置，得到图3的红色特征点位置，预测出来以后进行裁剪，把各个特征点的一个小区域范围中的图片裁剪出来，得到图4，这一层又称精定位。

（3）分别设计5个CNN模型，用于分别输入上面的5个特征点所对应的图片区域，并分别定位，找到蓝色正确点的坐标。通过图4的裁剪，搜索的范围一下子小了很多，只有小小的一个范围。需要注意，各个部位的CNN模型参数是不共享的，也就是各自独立工作，5个CNN用于分别定位5个点。每个CNN的输出是两个神经元（因为一个CNN，只定位一个特征点，一个特征点包含了 (x，y) 两维）。声明：这一层次的网络，文献不仅仅包含了 5 个 CNN，它是用了 10 个 CNN，每个特征点有两个 CNN 训练预测，然后进行平均，这里可以先忽略这一点，影响不大。

本层次 CNN 模型输入：各个特征点，对应裁剪出来的图片区域，如图 4。

本层次 CNN 模型输出：各个特征点的精定位位置。

图1　　　　　　图2　　　　　　图3　　　　　　图4

4. 广告匹配和推送

该模块的思路是，通过筛选出数据库中微笑值 smile 和注视时长，注释率分别高于阈值（以上 3 个字段作为评价用户是否喜欢该择广告的主要因素）的记录 (attributes) 作为训练数据训练一个多分类神经网络的 weights 和 bias，使得在推送广告的过程中用当前帧中人的记录作为输入，进行 forward propagation 即可得到匹配值，匹配值最高的就是应该推荐的广告。

5. 基于人脸特征的广告评价模型（FAEM 算法）

类似于专家系统中的推理机原理，针对当前问题的条件或已知信息，反复匹配知识库中的规则，获得新的结论，以得到问题求解结果，本团队在人脸识别和大数据分析等算法并结合广告心理学研究的基础上，提出了一套基于人脸特征属性与广告属性的评价匹配算法模型。该模型能够根据检测得到的人脸属性解算出被观看的该则广告的属性，得出准确的广告评价值，同时该模型能够根据给定的广告属性值，为观众（检测面部特征属性后）匹配并播放适宜的广告。

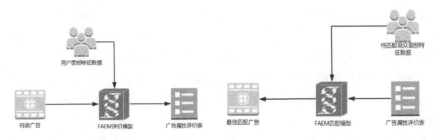

作品分类

大　类：微课与教学辅助类　　　**小　类**：计算机基础与应用
获得奖项：一等奖
参赛学校：华中师范大学
作　者：辛若雯　张文霄　佘静雯
指导教师：杨九民　杨　琳

作品简介

作品内容是数据库的 3 个范式，由于该内容理论性和专业性均较强，既要讲解透彻又要练习以反馈，所以作者设计了微课和 storyline 交互式教学课件两种方式。

微课选择以真实情景开头，激发学生的学习兴趣。在讲解过程中，将动画与学生和老师的形象相结合，增强视频的趣味性。用两者的对话引导并加深学习者的思考，鼓励学习者在某处暂停进行探索学习。

交互式课件属于自主学习型，有教师讲解部分，也有及时的练习反馈，在讲解第三范式时采取以练导学的新的教学方式促进学习者思考。计算机、移动设备等均可查看，方便碎片化学习。

安装说明

作品分为微课和交互式教学课件两个部分，微课用于知识讲解部分，用 storyline 生成的文件夹用以自主复习。微课为 MP4 格式，使用普通媒体播放器即可播放。交互式课件部分点击 Launch_Story.exe 稍等后即可打开，也可直接打开网址：

http://demo.4instructor.com/database/story.html（计算机端）

http://demo.4instructor.com/database/story_html5.html（计算机端、手机用户端均可）
或扫描微课最后的二维码以网页形式在手机、平板电脑等任何移动设备上进行观看。

演示效果

1. 微课视频部分截图

导入部分：

动画讲解：

教师人像结合动画讲解：

学生与动画结合：

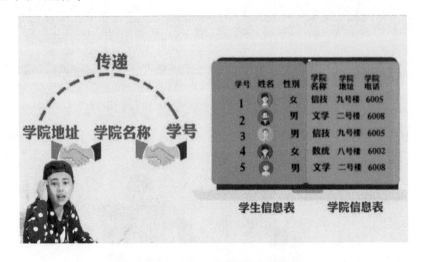

2. storyline 教学课件

首页：

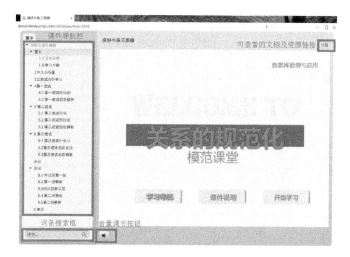

开始学习界面：

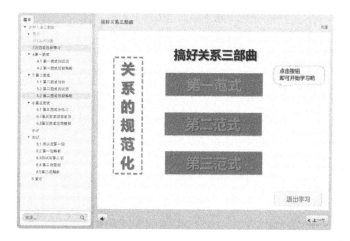

视频学习界面：

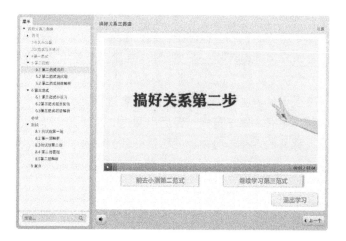

拖放式练习题：

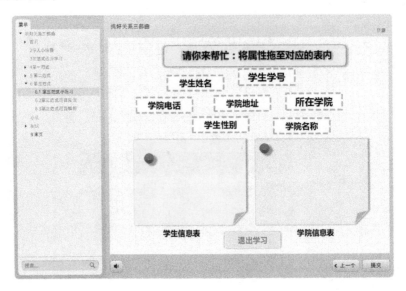

■■■ — 设 计 思 路 — ■■■

C++从入门到放弃？Java没入门就放弃？Mysql从删库到跑路？为什么这些计算机相关的应用型学科如此困难？原因其实很简单，理论和实践"脱轨"了。由此可见，理论与实践的衔接部分在人们的学习中尤为重要。而三范式的知识点正处于数据库理论基础与实际设计应用的中间阶段，同时较难理解运用，是一个非常重要的知识点。如能掌握透彻，可对后面实际设计数据库，编写数据库语言有极大的帮助。因此，作者选择了大学《数据库原理与应用》教材，第2章关系数据库基本原理中的第3小节关系模式的分解中，"关系的规范化"中三范式的知识点作为微课的教学内容。本课程主要采取案例与理论结合的方式进行讲解，学生在案例分析中更好地理解范式的定义，并在真实情境中运用范式解决问题，同时为后面实际设计数据库打下基础。本作品设计思路主要从以下两个方面展开。

1. 我们做什么

（1）微课：本微课视频总时长约为6分钟，采取案例与理论结合的方式对数据库的三个范式进行讲解。即每个范式给出相关概念定义后，都会呈现一张表格，通过应用范式指出其中错误，然后引导学习者对表格做出修改。学生在案例分析中更好地理解范式的定义，并在真实情境中运用范式解决问题，同时为后面实际设计数据库打下基础。

（2）交互课件：交互课件的主要作用是辅助学习者进行更加深入的学习。课件包括课前引入、第一范式、第二范式、第三范式、课后小测这5个部分。作者将完整微课视频分为5小节，嵌入到交互课件的5个部分中，并在每一部分设置了对应的交互环节，如将所给属性拖拽入对应表格中，以提高学习者的参与度和知识掌握程度。

2. 我们怎么做

（1）小组成员进行商讨，咨询指导老师，确定主题：关系数据库的三个范式。

（2）编写教学设计方案：

① 教学内容分析。

② 学习者分析。

③ 应用情境。

④ 学习目标。

⑤ 教学重难点。

⑥ 教学策略。

⑦ 教学过程设计。

⑧ 学习练习与评价。

（3）根据分镜脚本制作动画：本作品的微课部分选择了 MG 动画作为内容的主要呈现方式，因为动画比视频简洁，比文字形象，比声音具体，比平面有质感，形式新颖，极具吸引力，可增加信息的实际转化率，且风格多样，可满足不同表现需求。分镜脚本主要根据教学过程进行设计（脚本在汲取建议后经历了多次修改，修改部分及重点部分用不同颜色画出）。

（4）人物对话录像，讲解声音录制：选择了人物抠像与 MG 动画结合的方式对课程内容进行讲解。其中人声出现在视频全程，大部分配上相应动画，即用声音加动画的形式促进学习者对主体知识的吸收理解。内容过渡与每个范式的总结部分采用师生人物对话形式，模仿学习者的内心活动，增加一定的趣味性，时刻抓住学习者的注意力。

（5）将抠像与动画合成，并对视频细节部分做出调整：抠像与动画的合成使用 AE 软件完成，视频的剪辑使用 PR 软件完成。主要工作是将动画与声音的节奏调整一致，开头和结尾部分配上背景音乐，最后对视频的整体节奏做出微调。

（6）导出视频，微课视频基本完成。

（7）寻找拓展资源，制作 storyline。

本课程作品设计思路已清晰呈现于此，其中多数环节作者都进行了反复思考及多次修改。总的来说，设计思路围绕课程主题"数据库的规范化——三个范式"展开，以此为锚点，将知识以螺旋上升式的方式进行呈现和教授，并利用交互软件使学生轻松参与互动，不仅在教学内容的讲授方式上将理论与实践结合，也在课程设计方式上通过微课视频与交互软件的组合进一步帮助学生实现了理论与实践的结合，多维度提高学习者的学习效果，使学习者真真正正理解数据库的三个范式并正确应用。

设计重点难点

1. 设计重点

（1）教学设计。选用典型案例与形象化讲解相结合的方式对第二范式和第三范式进行讲授。第一范式由于其知识本身更为简单易懂，因此在编写教学设计方案的过程中将重点讲解的部分放在了第二范式和第三范式上。首先给学习者呈现典型案例，通过在案例中应用范式帮助学生对其概念进行理解，并针对定义中的关键词使用形象化的讲解，如在第三范式中将"传递依赖"与"接力赛的接力棒传递"联系起来，进一步加深学生对关键词的理解。

（2）交互设计。在微课视频中，作者利用反复提问、模拟师生人物对话的方式使学习者及时反思学习内容，参与到教学活动中，提高其学习过程中的参与度。并且在每个范式之后以及视频结尾部分都设置了总结环节，帮助学生自我总结，提示学生可暂停视频稍作思考，让学生能够根据自己的实际情况进行自步调学习。另外，使用了交互软件 storyline 来推进课程的交互，将完整微课视频分为 5 小节，嵌入到 storyline 的对应部分中，并在每一部分设置了与该节视频内容相关联的交互环节，如让学习者把所给字段拖入其所属表格中，旨在通过这种方式使学生能够积极反应，且对自身学习效果获得及时反馈。

（3）视频制作。视频制作分成四个步骤完成，首先是根据分镜脚本进行 MG 动画制作；接着对人物对话进行录像，对人声讲解进行录音；之后将人物抠像与动画在 AE 中实现结合；最后使用 PR 对整体视频进行后期和微调。其中，动画和人物的结合部分在设计时进行了充分考虑，人像的位置、动画的效果不仅要保证画面的美观性，而且要使教学内容重点突出，学习者可轻松理解。

2. 设计难点

（1）交互设计。

在微课视频中，交互主要通过反复提问、模拟师生人物对话的方式来完成。其中提问的方式、师生人物对话内容都进行了多次修改。一方面考虑到本课程的适用人群以大学生和成人为主，他们在智能发展上呈现出进一步成熟的特征，因此，语言的风格应该较为专业得体，且不失一定的趣味性。另一方面考虑到微课本身的特性，将对话内容修改得更为精练、简洁，具有引导性。

交互软件 storyline 的设计中，流程基本根据教学设计方案中的教学过程进行安排，作者将完整微课视频分作 5 小节嵌入到交互软件之中，因此较为复杂的部分设计成交互环节，使其能够与视频内容充分结合，让学习者通过自身的操作自定步调且逐步深入地展开学习。采用的方式是模仿学习者的心理活动，在每个小节前后提供相应选项，让学习者自己决定下一步的学习方向和学习节奏，给每一个方向和节奏都提供对应资源，且会穿插小测试、小游戏等环节检测学习者的学习成果并及时反馈。

（2）视频制作。

视频是教学内容的主要呈现方式，视频由 MG 动画和人像结合。MG 动画根据分镜脚本进行制作，在对动画进行选择时，作者考虑到教学内容是否重点突出、具体讲解部分是否生动化、形象化、能否辅助学习者更加轻松地对知识进行理解等各个方面。因此，成品和最初版本有许多细节上的较大改动。例如，第三范式起初的呈现方式给学习者的感受会有些突兀，理解难度较大，因此在最终版里针对定义中"传递依赖"这个关键词加入了一个形象化的解释，配上"接力赛中的接力棒"的动画，帮助学习者对关键词进行更深一步的理解。

视频整体节奏的把握上，作者采取的是开头结尾部分节奏较为明快，主体讲解部分速度放慢的方式。最初的视频整体速度一致，较平，但语速又偏快，使学习者思维难以跟上讲授进度。在进行讨论和咨询指导老师之后作者将引入和结尾部分的速度保持不变，加上背景音乐，吸引学习者的注意，提起学习者的学习兴趣，而在需要消化理解的主体部分放慢了速度，保证学习者能够较好地理解所学内容。

3. 作品特色

根据以上作品设计的重点和难点，将作品的特色总结归纳如下：

（1）选用典型案例与形象化讲解相结合的方式对重点内容进行讲授，帮助学习者较好地完成理论与实践的衔接。

（2）在微课视频中使用师生人物对话的形式，通过反复提问来实现交互。

（3）使用交互课件 storyline 来推进课程的交互，将完整微课视频分为 5 小节，嵌入到 storyline 的对应部分中，并在每一部分设置了与该节视频内容相关联的交互环节。

（4）通过 MG 动画和人像结合的方式呈现教学内容，使讲解更加生动化、形象化、重点突出。

■ 作品分类 ■

大　　类：数媒设计微电影组　　　　**小　　类**：数字短片

获得奖项：一等奖

参赛学校：华中师范大学

作　　者：赵小雅　　张媛媛　　汪腾浪

指导教师：赵肖雄

■ 作品简介 ■

　　《高山流水觅知音》意在讲述武汉的知音文化。从高山流水觅知音的故事开始，知音文化就在中华文化的长河中留下了深刻的一笔。它发源于友情，又逐渐扩展成人与人之间的一种和谐的情感文化。作品从古琴台建筑的建造及历史入手，到知音故事的起源，并用情景再现的手法重现高山流水的故事，之后从知音情感在中国社会的深入方面，表现了知音文化对当代中外的影响，以及知音文化对中华民族的意义。

■ 安装说明 ■

　　演示视频在暴风影音、爱奇艺等各类视频播放软件中播放即可。

■ 演示效果 ■

短片结构分明，主要分为三个部分：
（1）从古琴台建筑群的建造及历史，回顾到知音故事的起源。
（2）用情景再现的手法重现高山流水的故事。
（3）阐明了知音文化对于古今的影响以及其深远的社会意义。
在片尾，自制了一个皮影风格的二维动画，再现高山流水。

首先，因为选材原因，数字短片唯一所依托的实体建筑就是古琴台，而古琴台公园占地面积不大，能提供的拍摄范围比较狭小。但这并没有难倒作者，为了丰富素材，除了去古琴台公园取景外，还前往武汉东湖、钟子期墓等地取景。

其次，高山流水觅知音的故事在中国家喻户晓，如何切入这个故事，讲好知音文化，也是一个难点。撰稿者在收集了很多知音文化的资料以后，才逐步确定解说词的结构，从古到今，从中国到世界，一步步地解构知音文化的影响力，才有了现在这个内容、视野都比较宽广的文本。

然后是在拍摄阶段，短片设置中有运用情景再现的手法重现伯牙和子期的相遇相识，这需要在服装、道具、场景上下一定的功夫。小组成员克服了一系列的困难，成功完成了古装部分的拍摄。

最后，在如何丰富数字短片的视听表现力上，后期成员做了很多努力。4个动画的运用，使得短片看上去丰富有趣，接受度更高。最后的结束更是别出心裁地制作了皮影动画，进一步点题。

■■— 作品分类 —■

大　类：数媒设计中华民族文化组　　　　**小　类：**动画

获得奖项：一等奖

参赛学校：华中师范大学

作　者：李　智　管　凯　廖世聪

指导教师：何　宇

■■— 作品简介 —■

　　本作品以"髹"命名，髹，意为将漆涂在器物上。漆器的颜色一般以黑色为底，施以朱、黄、金、银的各式纹样，色彩炙热，图案多变。

　　《髹》是一部描绘漆器的动画，提取了楚文化中漆器的纹样为形象元素，将原本的静态纹样以动画的方式展现出来，讲述了一个拯救和守护的故事。

　　在动画制作中，作者逐渐将所学习到的专业知识运用到动画中去，突破了传统纹样的空间维度，将空间的概念引入其中，利用空间的维度，赋予了纹样新的生命形式，使得动画内容更丰富且有创意。

■■— 安装说明 —■

　　在 QuickTime 播放器中播放即可。（不同媒体播放器可能会影响音频与视频的同步率，建议使用爱奇艺万能播放器或 QuickTime 播放器。）

■■— 演示效果 —■

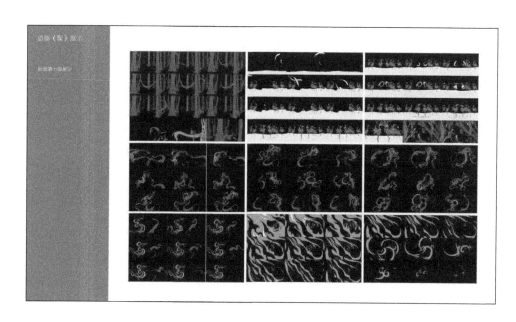

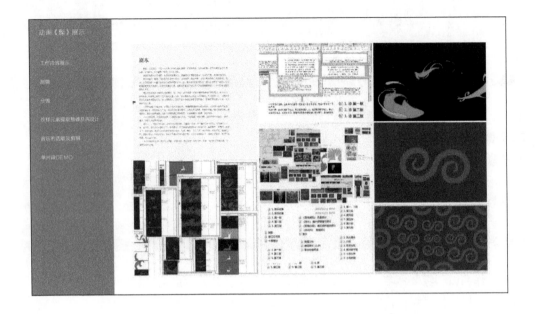

━ 设计思路 ━

纹样的提取与研究：在绵延数千年的华夏文明中，楚文化是很重要的一部分，而楚漆器在楚文化里的艺术价值有很大的分量。楚漆器的造型风格夸张奇特，髹涂色彩热情强烈，装饰纹样飞扬流动、精致优美。具体表现为：楚漆器的造型审美、色彩审美、纹样的形式美等。在现今科技飞速发展的时代，有各种成熟的媒体和实现虚拟造型的技术，楚漆器的艺术价值得到越来越多体现，所以艺术瑰宝不能因为时代进步而滞留在博物馆里，作者想借着新的载体，让历史中不动的漆器文化流动起来，让文化传承起来。

在这个以漆器纹饰为素材的动画创作中，采用楚漆器里独特的艺术手法。用真实和幻想交织、抽象与具象融合的方式，将现实的物象解构，重组成光怪陆离的新形象。讲述一个由神兽、蟠龙、鸾凤等角色通过在漆器多变的纹样中相互幻化而构成的神秘、充满巫韵的故事。

《髹》中大部分的抽象元素都提取自楚文化中漆器表面的纹样。部分纹样考虑到现代审美的原由，进行了一定的再设计。各种纹样之间通过镜头设计的组合和构成，结合活泼的动作效果，使得古老的纹样以生动活泼的形象呈现。在其中也融入了作者对楚漆器的理解，以及对古代传统工艺的赞美。

动画维度的探索：在动画制作中，开始尝试强化动画中空间的概念，着手去探索动画空间本身的维度，通过扩宽动画的维度来丰富动画的观赏体验，以平面为主的二维动画随着"阔维"概念的融入，加强了动画的空间感，二维与三维两者之间造型的界线渐渐被模糊，这种方式打破了原本单一平面化的视觉体验，达到了更好的视觉观看效果。

━ 设计重点难点 ━

1. 技术难点

（1）实践应用楚漆器纹饰在二维与三维空间中互相转化，模糊空间维度间的界线。

（2）对楚漆器传统纹饰的再设计并施以动态展示效果。

2. 实现方法

（1）通过三维类软件对二维画面进行进一步的补充与表现拓展，将本身附着于漆器表面上的平面纹饰置于三维空间内，并且使扁平视效的纹饰体量化，实现楚漆器纹饰在维度空间的突破，通过三维镜头的推移来弥补二维画面 Z 轴的不足。

（2）运用现代图形运动规律（motion graphic）以及镜头语言等多种方式，通过富有想象力的动画和精良的动态图形设计，充满激情与创造力，为传统楚漆器的标签注入独特创意。

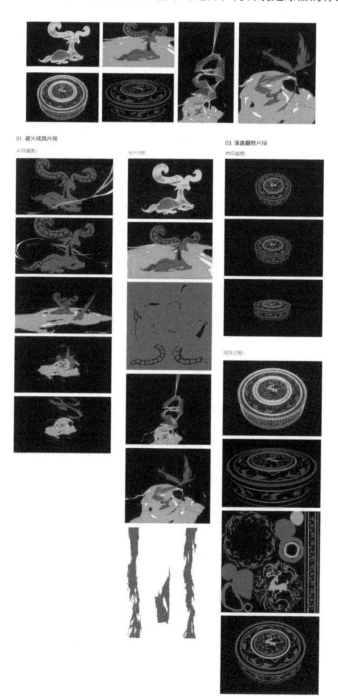

163

■■ ─ **作品分类** ─ ■■

大　　类：软件服务外包　　　　**小　　类**：移动终端应用

获得奖项：一等奖

参赛学校：华北理工大学

作　　者：韩金铖　尹　豆　苏慧航

指导教师：刘亚志

■■ ─ **作品简介** ─ ■■

　　随着时代的发展，越来越多的 80 后跻身奶爸奶妈行列，他们对科技事物的接受能力强，在育儿观念上，对于一些优质的幼儿应用接纳程度非常高。电子积木产品是一种非常流行的早教产品，该产品由浅入深，可快速拼装出各种趣味电路与实用电路。

　　《3D 电子积木》是使用 Unity3D 引擎开发的一款精致的幼儿教育类软件。使用本软件可以模拟电路连接，自动计算电路的正确性并对结果加以呈现，达到生动活泼、寓教于乐的效果。同时，幼儿还可以点击相应按钮查看实验简介视频以及元器件文字介绍，对实验原理有更加深刻的认识。

■■ ─ **安装说明** ─ ■■

　　（1）在安卓手机上安装 apk 包并打开运行即可，需要下载数据包时要确认设备连接互联网。

　　（2）点击视频即可直接播放。

■■ ─ **演示效果** ─ ■■

1. 软件的主界面

　　软件的主界面左侧有一个兔子精灵，作者为它绑定了骨骼动画和阴影效果，以使整个界面更加生动。按钮的排版简单、美观，中间的按钮更是添加了动画以及阴影，配合粉色背景，使界面非常温馨、可爱。

2. 数据包下载界面

未下载时数据包按钮是亮的，而下载完成后数据包按钮变灰，并且上面会显示"已下载"字样，当下载完成时会提示"下载完成啦"，这样的设计非常直观。

3. 实验介绍界面

实验介绍界面左侧是对应实验正确操作的视频，该视频都是由软件动态加载的，右侧是该视频的文字介绍，右上角是返回继续实验的按钮，整个界面就像是在"看电影"一般，使幼儿喜欢观看实验的操作内容。

4. 元器件介绍界面

元器件介绍界面左侧是一个兔子精灵，中间是元器件的模型，右侧是该元器件的文字介绍，界面的左下方和右下方是左选和右选按钮，它们负责切换不同的元器件。这样的设计使得介绍界面直观且美观，用户第一时间就会使用。

5. 实验界面

实验界面整个场景取样于幼儿教室，中间是一个木制桌子，桌子上是底板以及各种元器件，UI 部分简洁明了，使用户感觉就像置身于幼儿课堂里面一样，激发幼儿尝试实验的兴趣，用户可以用手指拖动元器件进行实验电路搭建。

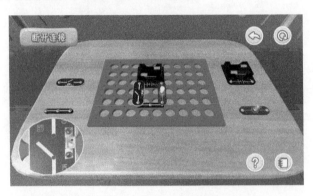

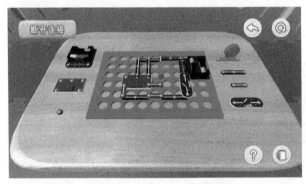

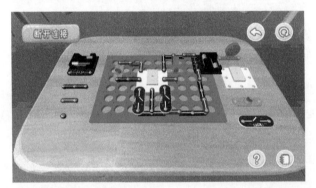

■■ 设 计 思 路 ■ ■■■■■■■■■■■■■■■■■■■■■■■■■■

1. 设计原因

幼儿教育类软件是应用市场的一块大蛋糕，而提供幼儿学习的 3D 电子类 APP 更是少之又少。目前市面上各种幼儿教育应用层出不穷，将学习或者生活与幼儿教育软件结合依然是此类软件的主流。本应用将电子与教育结合，可以让幼儿在玩乐中潜移默化地学习电子知识。

将电子与幼儿教育结合的案例虽然还不多，但市场上其他类型的早教软件已经非常丰富。如今，随着应用市场的改变，幼儿教育类应用必定会在这个市场占据相当大的份额。当下发布的此类应用中比较有特色的有《宝宝学汉字》《宝宝学颜色》等。

2. 功能设计

本软件的功能模块整体共包含了六大模块：电路计算功能模块、实验数据包下载功能模块、实验数据包加载功能模块、触控功能模块、动态加载实验功能模块、播放视频功能模块。由于篇幅有限，这里着重介绍电路计算功能模块。

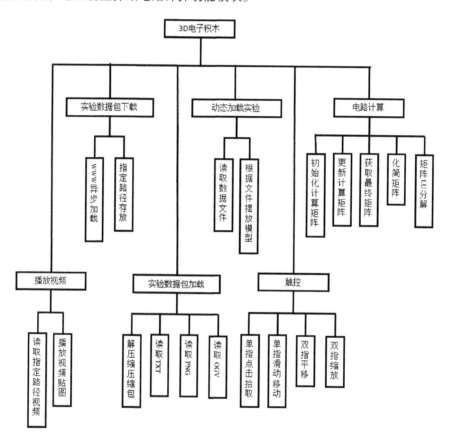

电路计算功能模块的实现需要依赖数学矩阵，将物理模型转换为数学模型。实验开始要初始化一个新的矩阵，当有元件被放入电路中时，就根据该元件的电子特性来更新矩阵，直至最终电路连接完成得到最终矩阵。

但是，这时的最终矩阵依然不是作者想要的结果，需要利用自己设计的算法将最终矩阵简化以及做 LU 分解，这一步至关重要，经过这一操作后的矩阵才可以为软件识别并决定最终实验效果的呈现。

3. 数据设计

本软件开辟了实验数据包下载功能，实验数据包存于服务器上，作者精心设计了数据包的内部结构及其访问方式，下面将详细介绍这两点。

（1）数据存储设计。

首先，本软件安装程序内置 6 个实验包，服务器中另有 6 个实验包，同一目录下还有一数据文件记录服务器中所有数据包包名以及实验名，也就是 EX_List.txt 文件，而其中的 Images.zip 文件保存了所有数据包的封面图片。

下面以 EX_7.zip 为例介绍实验数据包内存储的数据。如右图所示，从上到下依次为实验视频文件、实验介绍数据文件、元器件初始摆放位置数据文件。

采用了这样的设计以后，程序的内容可扩展性大大增强，灵活性也更好了。

（2）数据访问设计。

每次开启软件，首先下载位于服务器中的数据包列表 TXT 文件，本地内存会生成一个 TXT 记录文件记录软件已经拥有的实验包，把两个 TXT 文件做对比，把未下载的数据包生成按钮供用户点击下载，这样可以避免终端与服务器数据不同步的问题。

每次下载完毕，软件先将 zip 包解压缩，存储在实现指定的路径中。在对元器件摆放文本的读取时，通过代码先读取第一行的器件数量，之后按行读取，每读取一行就进行模型加载，其中的多个空格也是通过代码删去的。

4. UI 界面设计

由于本软件面对年龄偏小的幼儿使用，所以整个界面设计的布局必须要温馨、简单直观、并且生动，这样才能更加吸引幼儿的目光。

■■—设计重点难点—■■

1. 电路计算核心算法

电路计算核心算法是本软件最大的难点，当电路连接好的时候，呈现的只是物理意义的模型，想要用代码分析并计算，将物理模型转化成数学模型就成为首要问题。这里应用了无向图的相关知识。首先将底板的点当做无向图的节点，当有元器件安在底板上时，被使用的点就被激活，被连接的点之间的连线就被当做无向图的边，并且根据元器件的特性来赋给这条边一个特定的权值。

在将建立好的电路物理模型转化到数学模型上后，作者应用了矩阵来检测电路的正确性。在这个步骤中，将之前所学的节点电压法进行升级改造，得出了期望的升级版节点电压法，之后建立了基于矩阵的电路计算引擎，在这个引擎中每个元器件都是更新矩阵的元素，直到拼接完成并确认连通后，会由元器件的更新得到一个最终矩阵，但此时这个最终矩阵并不能指示结果，所以必须对这个最终矩阵进行简化和 LU 分解，得出最后承载着实验结果的矩阵。

2. 数据异步加载的实现

位于服务器待下载的数据包，需要实现异步加载才可以被显示在用户的设备中。首先是最简单的普通数据文件的加载，需要使用字节流的方式，将数据文件下载到本地并加以读取，这一步并不难实现。

难点在于对于图片和视频的加载。对于图片，可以通过创建一个载体的方式来加以显示，Unity 封装了 Texture 和 Sprite 工具类，而后者可以作为最终图片的容器。对于视频，利用了视频贴图技术，将相对路径和绝对路径区分开来，这么做是因为在移动设备中并不是任何路径都对开发者提供所有类似读写的权限。之后不断优化以及封装此模块的代码，最终实现了只需要接收一个参数就可以获取播放视频的机制。

3. 数据包的解压缩的实现

其实在项目开发时，最先考虑并不是 Zip 格式保存数据包，而是以 Unity 提供的 assetbundle 格式来保存，但是经过多次测试，这种格式被淘汰了，最终应用了 Zip 格式。所以当数据包被异步加载到用户设备中时，还需要对其进行解压缩处理。

解压缩在应用中体现不明显，基本紧随下载完成。经过一段时间的查阅资料以及测试，明白 Unity 中如果要实现解压缩的功能，需要下载 ICSharpCode.SharpZipLib.dll 文件，下载完成后将该文件放置在项目的相关路径中，之后利用命名空间的引用来编写相关代码来实现解压缩功能。

4. 手指触控技术的实现

触控在代码逻辑中被单立一个特殊模块，本软件共包含了 5 种不同的触控手势：单指点击、单指滑动、双指左右平移、双指上下平移、双指缩放。其中，单指点击和单指滑动这两个手势，Unity 引擎自身已经有了很好的封装和相关 API，只需要调用即可。

在区分双指平移以及缩放时，利用了向量相关的知识。首先要了解应用画面的更新是以帧为单位，每两帧之间的间隔非常短，可以获取上一帧手指的位置，与当前帧手指的位置形成一个二维向量，因为是双指操作，所以会得到两个二维向量，之后判断这两个向量的夹角，就可以区分当前操作是平移还是缩放。

5. 元器件拼接技术

在初始的模型调整时，严格规划了模型的尺寸全部按照实际尺寸比例。另外，Unity 引擎自带碰撞器，为碰撞检测带来了方便，此时碰撞器删除以往物理碰撞的载体身份，而是作为一个类似触发器的身份。

当两个纽扣碰撞器碰触到的时候，不触发物理上的碰撞，而是传给管理层一个触碰信息，得到这一信息后，由代码进行检测，计算中心位置，如果满足拼接要求，则进行拼接。

6. 加载界面的制作

通常主场景包含的资源较多，并且 Unity 默认自动加载下一场景资源，这会导致直接跳转时加载场景的时间较长。为了避免这个问题，可以首先进入加载界面场景，然后通过加载界面场景来加载主场景。

在每一次更新进度条的时候插入过渡数值，意思就是在进度条更新的同时，主场景的资源同时进行预加载，作者以此原理完成了加载界面，并且完美实现了进度条动画。

7. 骨骼动画完美适配的实现

为了实现动物精灵及相应动作的效果，传统的模型已经不能满足这一要求，在查阅了相关的资料后，决定用骨骼动画来解决本问题。经过一段时间的实验，终于能够达到设想的效果。为了提高视觉效果及互动体验，给动物模型加载对应的骨骼动画，对其进行极限测试，以观测蒙皮效果。

8. 多屏幕分辨率自适应问题

多屏幕分辨率自适应问题。目前，使用 Android 系统的设备品牌繁多，每年都会有大量新机型诞生。不同机型的分辨率和硬件配置都会有所不同。为了能够使应用在多种设备上都能运行，在屏幕分辨率自适应和兼容性方面也进行了研究，最终开发出一套多分辨率屏幕自适应技术。

■■— 作品分类 —■

大　类：数媒设计中华民族文化组　　　　**小　类**：交互媒体

获得奖项：一等奖

参赛学校：华侨大学

作　者：亓米雪　吴育淞　欧信飞

指导教师：王华珍

■■— 作品简介 —■

1. 作品目标与意义

（1）继承和发扬国家级非物质文化遗产——提线木偶。

（2）推广增强现实（AR）技术虚拟现实（VR）技术和民族手工艺相结合的概念。

（3）打开 3D 动画技术与民族手工艺品相结合的市场。

2. 关键技术

（1）虚拟现实（VR）技术。

（2）增强现实（AR）技术。

（3）3D 动画技术。

（4）Unity3D 游戏开发技术。

（5）人机交互技术。

3. 作品特色

（1）该项目将 VR、AR 和 3D 动画技术融入传统文化（以提线木偶戏为案例）中，在 AR、VR 和 3D 动画的应用市场上，像本项目一样关注点在传统戏曲的项目并不多见。

（2）用户通过 AR 交互界面手指操纵木偶模型，增进对木偶的了解。

（3）对木偶模型进行 3D 建模，真实还原木偶形象和舞台互动效果。

（4）VR 与文创相结合，计算机技术服务于民族手工艺。

■■— 安装说明 —■

关注微信公众账号"厦门阿特鹭 3D 软件科技"。选择"VR 游戏"下载 VR 计算机游戏，游戏运行标准分辨率为 1280×720 像素。选择"益起学"下载 AR 手机游戏的 apk 安装包，在手机上安装，运行游戏。

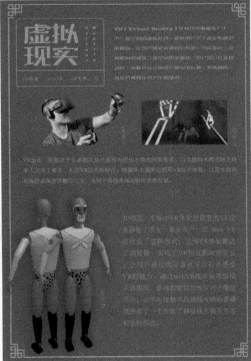

■■■ 设 计 思 路 ■■

本项目致力于打造以微信公众平台为载体，以提线木偶为实例，融合 AR 进阶式学习小游戏及 VR 沉浸式交互的提线木偶体验平台。

针对泉州提线木偶濒临灭绝、青少年对传统文化兴趣不大、市场上尚无针对青少年传统文化教育的 AR 及 VR 游戏产品的现状。本项目提出以下解决方案。首先，利用 VR 技术沉浸式体验特点，将操纵木偶的过程用 VR 技术体现，让原本曲高和寡的表演变得触手可及。其次，AR 技术与 Unity 游戏互动，3D 动画还原木偶表演，通过 AR 游戏的方式在娱乐中学习泉州提线木偶关节组成、提线技巧、行头装扮等知识，寓教于乐。

最后，利用微信公众平台的广大用户群体和便捷的操作环境，借助微信工作号的菜单功能，串联起各个版块（VR 游戏、3D 木偶、木偶介绍、"益"起学 APP、演出信息、非遗基地、团队介绍等），形成提线木偶的集成体验平台。其中，木偶介绍模块，通过知识问答形式普及提线木偶知识，借助 H5 微页良好的平台优势，在微信朋友圈传播"木偶挑战赛"，作为一个良好的推广手段。让非遗真正进入每个人的生活中，促进泉州提线木偶这门古老民族艺术的传承。

在此基础上，本项目成果应用到传统文化表演剧院（如闽南神韵、泉州木偶剧团等）及旅游文化行业。以出售扫描卡片等形式作为商业渠道，让相关行业和非物质文化遗产的市场得到开拓。目前本项目正在与景区、博物馆洽谈合作，用科技推广国家级非物质文化遗产的保护及传承。

■■■ 设 计 重 点 难 点 ■■

虚拟现实环境需要尽可能还原逼真、沉浸式的感官感受，然而虚拟现实环境对硬件的要求偏高，在大多数普通 PC 上运行不流畅、卡顿、甚至无法运行，因此需要对模型的精度、结构等进行优化，在不影响硬件运行效率的前提下尽量清晰地展现场景的真实、模型的构造等。同时，虚拟现实的建模与以造型为主的三维动画建模在方式上有非常大的差异，虚拟现实三维建模大都采用模型分割、纹理映射等技术。

■—作品分类—■

大　类：数媒设计微电影组　　　　　　**小　类**：纪录片
获得奖项：一等奖
参赛学校：吉林华侨外国语学院
作　者：王诗语　朱梦瑶　杨馥榕
指导教师：王菲菲　梁　燕

■—作品简介—■

　　本作品以纪录片的形式介绍了方言，诠释了方言的重要意义，呼吁大家保护方言。方言是我国传统文化之一，它传承千年，有着丰厚的文化底蕴。随着时代发展、普通话推广等因素，会说家乡方言的人越来越少，所以作者希望通过《华言之韵——方言》这部片子，带领大家重识方言、保护方言。

■—安装说明—■

　　作品在暴风影音 5 中播放即可。辅助文件在 PowerPoint 2010 中播放即可。

■—演示效果—■

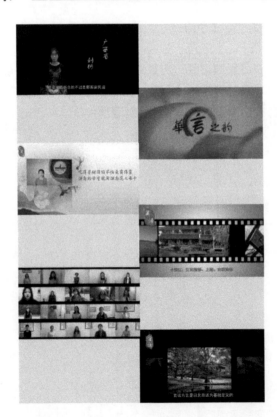

作品团队成员来自不同地区，有着不同的家乡方言，但是通过和别人沟通，发现会说方言的人越来越少，大家现在都是用普通话交流。因此，作者通过对校内校外同学的采访，再加上作者平时生活中拍摄的视频照片，来表达方言对于不同人的不同意义。希望借由这个视频唤起更多人保护方言、传承方言的意识。

本作品主要包括"各地方言采访—七大方言介绍—传承感悟"三部分内容，后期通过专业技术软件对作品的字幕和配音进行了合成，具体介绍如下：

1. 各地方言采访

运用 PR 制作了多画面视频墙。

运用 4K 摄影呈现出三位同学对重识方言的呼吁。

让我们一起重识方言吧

2. 七大方言介绍

七大方言包括官话方言、古楚语、吴语、闽语、粤语、赣语与客家语。

每一种方言的介绍前都以虚拟演播厅的形式记录来自其方言地区的同学叙述自己对家乡方言的情愫。

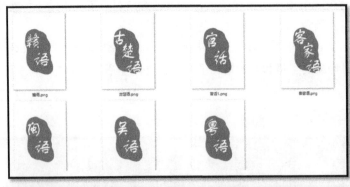

本部分每张经 Photoshop 处理的照片、每一个视频片段都是团队成员在旅行过程中所拍摄的画面，用 Flash 将各方言地区分布的数据进行统计并展示，从而增强数据表达的效果。

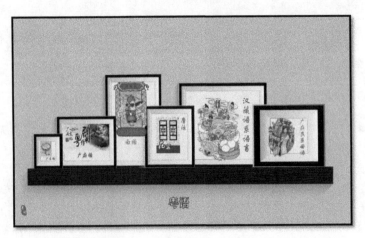

所有素材加以会声会影模板展示，运用 AE、PR 等软件进行后期合成。

在浙江、陕西还有少数赣语方言岛

3. 传承感悟

本部分由 7 位不同年龄段的代表人为保护方言而发声，呼吁大家重视方言。视频部分用 PR 制作了倒影效果，使画面具有灵动感。

方言是国家本土多元化、传统文化的载体，具有鲜明的地域特征，承载着独具特色的地方文化和浓厚的乡情。它在日常生活中具有使用价值，并且普通话也在不断从中汲取有益的成分丰富和发展自己。推广普通话是为了克服交际障碍，方便沟通和交流，而不是因此就歧视、禁止方言。方言作为一种文化，不能摒弃，需要保护和传承。

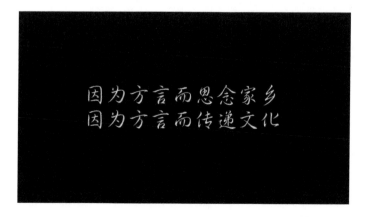

本作品运用了 Photoshop 制作字幕图像并用 PR 合成字幕。整部片子讲解由参赛学校英语媒体主持专业的同学独立配音，团队使用专业录音设备录制，后期应用 AU 软件进行

声音处理，使声音更具临场感，并对伴奏进行了淡入淡出的处理，营造出一种特殊的艺术效果。

■—设计重点难点—■

1. 设计重点

（1）采用视频、照片、动画、配音等多种元素来展示方言魅力，通过"采访—介绍—感悟传承"三个环节，环环相扣地诠释保护方言的重要意义。

（2）作品中的素材选取和后期制作均有一定的原创性和独特性。

2. 设计难点

（1）素材后期制作运用了 4K 摄影并用 PR 的极值键完成了人物抠像；运用 AE、会声会影和 Photoshop 对视频及照片进行了后期美化；使用 U-Edit 软件为视频制作字幕；运用 Flash 动画演示、三维动画演示清晰直观地展示数据。

（2）整部片子的讲解由参赛学校英语媒体主持专业的一名同学独立配音，使用专业录音设备录制，后期应用 AU 软件进行声音处理，并对伴奏进行了淡入淡出的处理，营造出一种特殊的艺术效果。

■■■—作品分类—■■■

大　类：微课与教学辅助类　　　　**小　类**：汉语言文学

获得奖项：一等奖

参赛学校：北京体育大学

作　者：金　莹　李珈瑶

指导教师：刘　正

■■■—作品简介—■■■

　　本作品介绍世界上唯一的性别文字——女书。女书是古汉语，是中国首批非物质文化遗产。作品运用了 AE、PR、万彩动画、达芬奇调色等软件，使用了视频抠像、虚拟演播室、MG 动画、多样剪辑等技术，并在湖南省江永县的女书博物馆实地采拍了很多视频和照片；参考了大量相关论文与文献，最终呈现出了大约 6 分钟的微课视频。

■■■—安装说明—■■■

　　直接使用 QQ 影音播放器打开播放。

■■■—演示效果—■■■

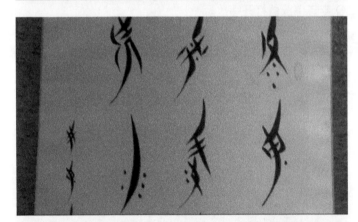

电影资料

《伴嫁歌》：厅屋中间有条藤 藤崽发花十二层

■—设 计 思 路—■

之所以选择女书为主题，源于朋友的介绍，他说这是古往今来世界上唯一的女性文字，男人没有资格书写这种文字。作者对此产生了极大的兴趣，开始搜索相关女书的信息，越了解越对江永当地妇女心生佩服。故选择了女书为主题。

作品从女书的奇特之处引入：女书只允许女人使用，是世界上唯一的女性文字；该文字的形状、书写特点：将其与甲骨文和现代汉字比较，配有女书博物馆的女书作品原件视频、照片；女书作品的分类和欣赏：引用了电影《雪花秘扇》的部分视频；女书产生的社会背景：旧社会女人地位低下，不能学习汉字。引用了著名语言学家季羡林的言论和女书传人胡念慈在《女书之歌》中说到的"只有打倒旧封建，女人始得有生存。只有建立新中国，女人始得翻得身"；最后讲述女书的意义和重要性；女书先后被列入了《中国档案文献遗产名录》《世界吉尼斯纪录大全》《中国首批非物质性文化遗产名录》，并数次亮相联合国。在结尾对全片进行总结和升华。通过引用季羡林先生所言："女书实在是中国人民伟大精神的表现。"表明作为当代大学生应弘扬和继承这种坚韧不拔的精神。

■—设 计 重 点 难 点—■

1. 设计重点

（1）台词部分侧重介绍女书的基本知识点，如女书为什么奇特，文字特点是什么，有哪些女书作品等。

（2）实地考察得到的信息和视频、照片。由于最终呈现的是视频形式，所以这部分的使用量很多。

（3）中英文字幕。

2. 设计难点

（1）为了有一个好的视觉呈现效果，采用了视频抠像和虚拟演播室技术。

（2）大量使用了扁平化效果的MG动画。

■—作品分类—■

大　类：软件服务外包（国赛用）　　　　**小　类**：大数据分析
获得奖项：一等奖
参赛学校：重庆大学
作　者：李嘉敏　杨智凯　程小桂
指导教师：曾令秋

■—作品简介—■

　　作为城市交通的主要组成部分，对于公交车司机良好的驾驶行为的研究可以很大程度上节省能耗。本作品获取关键区域的良好驾驶行为参数，进而设计实现一个驾驶员驾驶行为的采集和评价的 APP，旨在通过改善驾驶员的驾驶行为从而降低能耗、保护环境。

　　通过 Hadoop 并行化对驾驶行为数据进行挖掘得到关键区域的良好驾驶行为参数，在关键区域利用手机传感器采集驾驶员的实时驾驶行为数据，对关键区域的驾驶行为数据与良好驾驶行为模型进行比对评价，并将评价结果在地图上显示回放，从而改善驾驶员驾驶行为。

　　本作品的特色在于并行化数据挖掘得到参数，再利用手机采集实时数据，方便并且实现可视化地图返景，可应用于全国公交线路，适用范围广。

■—安装说明—■

　　搭载 Android 5.0 以上的移动智能设备，并且能连接外网。下载好 apk 安装包以后，进行安装。打开移动设备的 GPS 采集器，允许 APP 读取移动设备的 GPS 等物理信息以后，即可打开 APP 进行评估记录。

■—演示效果—■

1. 注册页

蓝色为底，符合 APP 的整体风格，直接输入用户名和密码即可，方便简洁。

2. 登录后主界面页

以百度地图为主背景，可以看到公交路线以及当前用户所在位置。界面上方显示出当前的速度、行驶时间以及不良驾驶行为次数。界面下方的四个功能选项由代表功能的图标表现出来。

3. 优秀驾驶行为信息统计界面

点击主界面下方的信息图标即可进入。界面中显示查询时间、驾驶信息、不良驾驶信息。

4. 地图返景界面

进入地图返景功能以后，会在地图上显示出关键区域点，以及关键区域上的驾驶信息（包含位置、速度、加速度以及测评结果）。

5. 当前行程界面

进入当前行程界面以后，会在界面上显示出当前行程信息，含起始点、终点、时间、评级次数、总评级信息。界面下方的上传按钮可将结果上传到服务器，查看地图回放会将结果回放到地图上，更加形象化。

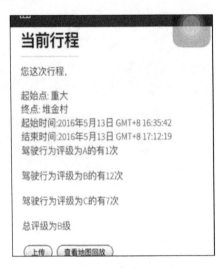

6. 历史行程界面

进入历史行程界面以后，会在界面上显示出历史行程信息，含起始点、终点、时间、总评级信息。

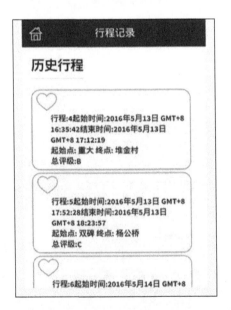

■ 设计思路 ■

本次作品主要分为后台参数的挖掘以及公交车驾驶行为采集与评价 APP 的设计。

在服务器端通过前台已采集的数据，对历史数据进行并行化处理得到关键区域上良好的驾驶行为参数。将收集到的实时数据与之进行比对，得出评判结果，再输出到客户端中。

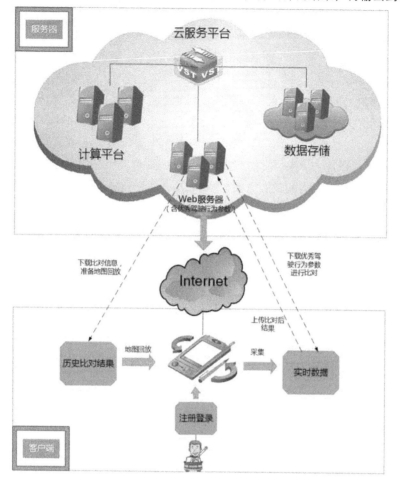

1. 后台的数据挖掘

为了提供一种基于关键区域的良好驾驶技术参数获取方法，能够在关键区域为驾驶员提供实时驾驶数据参考建议，提高驾驶技术，降低油耗，提高舒适度。基于 Hadoop 的良好驾驶行为挖掘算法的并行化实现参数获取。

具体流程如下：

（1）采集所参考的公交车辆的驾驶行为数据，第 I 辆公交车的驾驶行为数据组成一个数据集 data[I][9]，所述驾驶行为数据包括车辆 id、累计油耗、汽车车速、当前挡位、加速度、扭矩、经度、纬度、时间，分别标记为 Id、Ao、V、S、a、Tor、Lo、La、Tim，定义数据集 D=data[h][9]={(Id1,Ao1,V1,S1,a1,Tor1,Lo1,La1,Tim1),…,(Idh,Aoh,Vh,Sh,ah,Torh,Loh,Lah,Timh)}，其中，h 为数据集 D 中数据的个数，h 为正整数，I=1，2，3，…，h。定义累计油耗为一辆公交车行驶一天的总油耗。

（2）扫描所述数据集 D 中每个数组中的累计油耗 Ao，将所有的累计油耗 Ao 的值由低到高排序，根据累计油耗 Ao 的高低对每一个数组进行判定，标记它是否为高 (H)、中 (M)、低 (L) 油耗。

（3）利用 MapReduce 并行编程模型，进行并行程序编程，使用测定的关键区域的经、纬度范围 Z 过滤第二步中得到的数据集 D,得到行车关键区域的数据集 D'=data[h'][9],其中，h' 为数据集 D' 中数组的个数，h' 为不大于 h 的 正整数，将 D' 按不同关键区域和不同时段特征进行分类，并标记。

（4）利用 MapReduce 并行处理框架对数据并行处理，并聚类分析，对聚类好的数据进行裁支。

① 统计各簇中油耗标记为 H 车辆的数据的相对密度，如果油耗标记为 H 的相对密度大于阈值 c，则此次簇中的数据所代表的驾驶技术行为油耗高，将此簇从聚类结果中去除，阈值 c 为小于 1 的正数。在本算法的一种优选实施例中，阈值 c=75%。

② 统计分析步骤上一步中得到的聚类结果，求出此聚类结果的高维立方体矩形闭包 G。闭包 G 便是此数据片挖掘出的良好驾驶技术参数，即某一关键区域特定时间段的良好驾驶技术参数。

（5）将各个区域特定时间段的良好技术参数集合在一起，即车辆在整条线路上的良好驾驶行为技术参数。

2. 公交车驾驶行为采集与评价 APP

（1）主要实现功能：

① 利用手机自带的传感器采集实时数据，并结合地图信息做数据拟合。

② 结合关机区域类的优秀驾驶行为对实时数据进行评估。

③ 能够将评估结果上传至 tomcat 服务器。

④ 实现基于地图（百度或者高德）做评估结果回放。

（2）功能模块：

① 注册登录管理模块，驾驶员需要注册自己的个人信息，包括用户名、密码、姓名、年龄、驾驶公交车的车辆编号，注册时要有用户名唯一性验证。驾驶员也可以直接根据用户名和密码进行登录。

② 个人信息管理模块：用户可对自己的个人信息进行查看，也可修改对应的属性。

③ 当前形成管理模块：用户可以进入当前行程进行当前行程管理，可以开始记录一段行程，并进行比对。得出每个关键区域的评测结果，并最终生成一条行程数据。用户可以点击上传，将行程数据上传到 tomcat 服务器中，也可以查看地图回放，在地图上重现。

④ 历史形成管理模块：用户可以对自己的历史行程进行管理，可以查看自己以往的所有行程，也可以查看具体某个行程的详细信息，并可以在地图中对该段行程进行回放。

◼━ 设计重点难点 ━◼

本次作品实时采集驾驶员的驾驶行为数据，对公交车站等关键区域内的特殊点的驾驶行为进行比对分析评价，由测评的需求，需要先计算出关键区域的优秀驾驶行为参数，才能将司机的实时驾驶行为参数进行对比。所以本次作品的重点难点在于后台的数据挖掘如何并行化获取关键区域优秀驾驶行为参数。

作者使用的算法是根据聚类数据的特性——油耗的高低进行。如果某个数据分类中的数据的油耗高于阈值，则将其从这个分类数据中删除，最后剩下的相对来说都是油耗较低的数据类，这样可以得到各个数据点各个属性的闭包，也就是所求的良好驾驶行为参数。

重点之一在于在关键区域驾驶行为的评测方法。

在开始检测记录当前行程后，每隔固定的时间，进行一次检测，与关键区域优秀驾驶行为数据表中的数据比对，根据当前经纬度与表中关键区域的经纬度范围，判断当前是否属于关键位置，若为关键位置，则记录下来，存到一个检测点数组中，继续下一个点的判断。在行程结束时，对于每个关键点保存的很多关键点驾驶行为数据，在最后对其所有的记录检测点进行聚合计算，得到每个关键区域中的评测结果，进而得到整个行程的评测结果。但是，对关键区域驾驶行为的评测方法较粗糙，仍需要进一步改进。

由于本次作品针对的是驾驶员的实时驾驶行为数据，数据量庞大，作者将所有关键区域评测点放入行程对象中，得到一条行程对象数据，并上传该数据到后台 tomcat 服务器中。而且数据量庞大需要优秀的聚合算法，才能使数据计算更加方便快捷。这里需要研究不同的聚类算法，通过比较得出最适合的算法。

本次作品还要着重对评价结果进行地图回放并上传到服务器中，可以查看对应驾驶员的所有历史行程记录，也可以在地图中重现。这主要实现在行程结束后对于当前行程整个过程在百度地图上的回显，根据评判结果用不同标记在地图上标记每个关键区域，并在每个标记上添加信息框，实现点击标记显示在该区域的驾驶行为信息。但是，由于汽车档位信息无法采集，在对驾驶行为进行评价时，未能将汽车档位信息考虑进去，未来可以扩展档位检测功能，才能增加这一项测评标准，并反映到关键区域上，得出更加全面的指导信息。

本次作品还必须要做到汽车在开始当前行程，进行驾驶行为数据采集后，系统会自动根据当前的驾驶员驾驶的公交车所属的城市和其线路，以及当前道路状况，即是否属于高峰期，从关键位置表中将优秀驾驶行为数据查出来。因此必须要综合存储大量的不同地区不同路段的优秀驾驶行为信息。数据采集的以及分析的过程较为复杂漫长，而且系统也应该具有跨平台性，这样才能满足更多驾驶员的需求。

目前该作品已移植到安卓平台，若做进一步扩展，可以在 iOS 平台上扩展。

■■■■ **作品分类** ■■■■■■■■■■■■■■■■■■

大　　类：数媒设计微电影组　　　　**小　　类**：微电影
获得奖项：一等奖
参赛学校：福州外语外贸学院
作　　者：张　勐　许　谋
指导教师：庄立文

■■■■ **作品简介** ■■■■■■■■■■■■■■■■■■

　　崇武，这座小城里的人们临海而生，靠海而活。家中的男人常年在外出海捕鱼，而家中的惠安女扛起了家里的一切重担。

　　海风，对于这座小城，有着非同凡响的意义。

　　惠安女阿螺送走了出海远洋捕鱼的丈夫，一个人扛起家中的重任。从此开始了一天天的漫长等待，陪伴她的只有风铃。她盼着海上起风，渔船就会归来，风铃动了，丈夫阿海也就回来了。阿螺等着风，海也给了阿螺希望，给了这个家庭最后的团圆。

■■■■ **安装说明** ■■■■■■■■■■■■■■■■■■

　　在媒体播放器中播放即可。

■■■■ **演示效果** ■■■■■■■■■■■■■■■■■■

■■■ —设计思路— ■■■

　　作者从 2016 年 10 月开始准备这个作品，一开始的命题叫《蓝色海岸》，讲的是惠女服饰裁缝师对于这个小城的热爱，以爱情为主线发展。剧本完成后经过仔细推敲发现难以表达深度，难以使观众产生共鸣，于是推翻了第一个命题

　　第二个命题为《人海》，其实花了非常多的心血筹备，作者在 2016 年 12 月和 2017 年 1 月进行了多次的崇武地方考察，想用这里所有一切能代表崇武的事物来完善这一个作品。通过 2 月深圳之行，学习和参考如何完成这一作品。完成了 1/2 的拍摄后发现由于片子要承载的东西太多，难度太大，且主线过多，于是有了第三个命题

　　有一天作者突然想到两年前在广州待了半年回来，当时肩上扛着两大袋行李，疲惫不堪，下车的一刹那，潮湿的海风从身边穿过，那一刻，真正感受到了家乡这个词的力量，让人突然放下了所有的防备和坚硬。

风，足以承载故乡的感情。而惠安女，足以代表崇武这个小城。等风，这是人们对惠安女的生活印象。

2017 年 5 月 17 日，最终完成作品《等风来》。

因为作者生在崇武，所以非常了解这里的一切。这里的男人出海，惠安女扛起家中一切重担。在作者的印象里，每当起风，消息便会在古城里的每一个人中间传开，人们的脸上或喜或忧，因为起风，意味着男人的渔船在海上有危险，而也预示着他们的归来和团圆。

所以，作品使用了主题：等风来。

作品的定义是城市宣传片。目的在于让人们认识崇武这个地方。对勤劳女性的代表惠安女表示敬意，也是对美好生活的向往和期待。

设计重点难点

重点在于要用深度的感情表现来让观众产生共鸣和影响，在于角色的设计和剧情编排都是非常重要的。

全片想用有色彩的镜头来展示画面和表现当地的文化底蕴，代入感比较强的旁白，以及创新的镜头思路，在设计中不断克服难点。

20. | 34534　The Blooming Sea——基于体感交互的响应式音画互动装置

■ — 作品分类 — ■

大　　类：计算机音乐（普通组）（国赛用）　　**小　　类**：视频音乐
获得奖项：一等奖
参赛学校：江南大学
作　　者：李金颖　麦家燊　郝思正
指导教师：昃跃峰　陆　菁

■ — 作品简介 — ■

　　本作品是一个基于体感交互的响应式音画互动装置，试图用数字艺术的方式表达一种接近本原的安宁，灵感来源于大海中的发光生物。在深海，有一种"光的语言"，很多海洋生物以发光的方式进行捕食、交配和自我保护。这些景象是神秘又难以触及的，作者利用数字艺术的方式，通过人在空间中与音乐（音响）和画面（投影）之间的交互变化，期望去表达出这种平静、安宁和神秘感。

■ — 安装说明 — ■

　　（1）需要两台计算机，分别安装较新版本的 Touch Designer 和 Ableton Live。
　　（2）将扩展名为 .toe 文件在 Touch Designer 中打开；将扩展名为 .als 的文件在 Ableton Live 中打开，打开 Synapse 插件。
　　（3）两台计算机都需要安装 Kinect for Windows SDK 2.0；其中一台计算机连接 Kinect1，另一台计算机连接 Kinect 2.0。
　　（4）演示视频可以在任意主流播放器打开。

■ — 演示效果 — ■

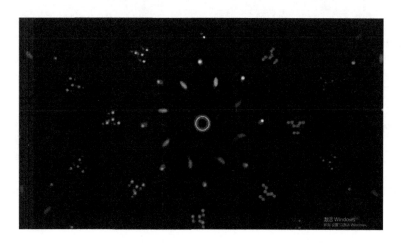

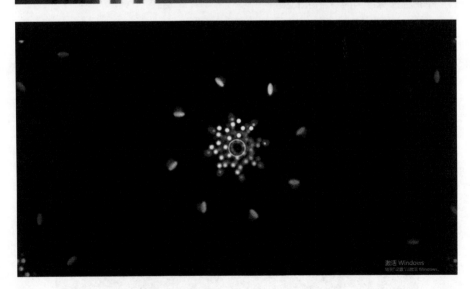

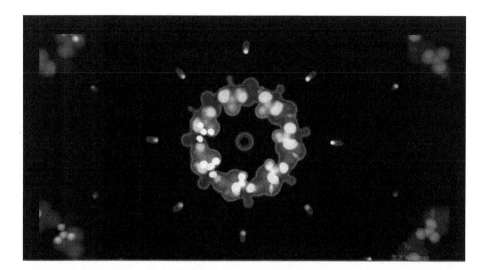

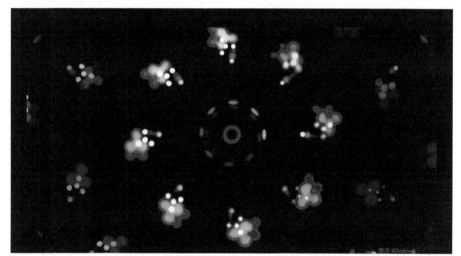

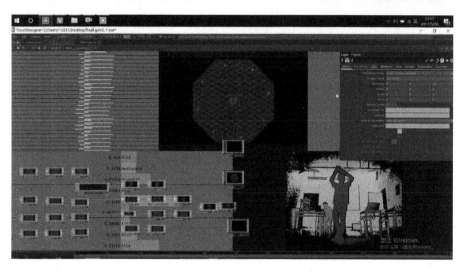

■■■— 设 计 思 路 —■

1. 灵感来源

作者想用数字艺术的方式表达一种接近本原的安宁，作品的灵感来源来自海洋，更准确地说来源于大海中的发光生物，例如：冰海精灵、海蝴蝶、海兔、帆水母等。在深海，"光的语言"发挥着巨大的作用，很多海洋生物依靠光完成捕食、交配和自我保护。这些景象神秘又难以触及的，利用数字艺术的方式，通过人在空间中与音乐（音响）和画面（投影）之间的交互变化，期望去表达出这种平静、安宁、神秘感、美和魅力。

深海现在仍然是一个神秘、美丽、静谧和令人敬畏的国度，不仅深海本身，深海中的生物也具有同样的特点。深海中的一片漆黑，没有什么比那些飘摇闪烁、七彩斑斓、精灵般的光斑和生物更加吸引人的了。

2. 音乐的构想

音乐开始由舒缓、平静的环境音与阵阵海浪声，自然、静谧的氛围。一段古典吉他重复演奏作为音乐的主旋律贯穿整首曲目。再后来出现的那跳动、上下飘摇的阵阵清脆的铃声既像那月光下粼粼波光闪耀，又如深海中奇异美丽的斑驳光点生物若隐若现，拨人心弦。

最后才登上演出舞台的弦乐部分，并不满足于给人听觉的享受，它将随风振动的音乐在人的心中立体化，变成了一场绝美的舞蹈演出。

3. 图像的依据

用数字艺术的方式表达一种接近本原的安宁，在幽暗的深海之中，充斥着令人窒息的光影表演，当在我们领略到深海发光生物在广袤幽深大海之中飘摇不定、斑驳起舞的景色时，却格外有一种"蝉噪林逾静，鸟鸣山更幽"的奇妙体验，愈感到它的神秘幽深。

■■■— 设 计 重 点 难 点 —■■

本项目的设计重点与难点在于：如何处理音乐、图像与人物三者的交互关系。

1. 乐与人的交互

当人的肢体和音乐互动时，音乐的和谐性较为重要。因此，设置了左手位移控制音乐的环境音色，双手同时向外出来开关主要音色。

右手的位移控制主要音色的交互。为了使得整个音效较为和谐，采取了增减音量的方法。当人的右手处于较中间的位置时，能听到非常细微的音乐。此时的音乐是和谐且细微的。

当右手上下摆动，能触发不同的音色，如尼龙吉他、铃铛和弦乐。这种交互带来的迷幻感和趣味性，也增强了人在空间中的体验感。

2. 音乐与图像的交互

音乐与图像的交互比较细微，通过共享局域网 IP 的方式，把音乐的音量输送到图像，控制图像的大小、透明度等数值。使得图像随着音乐而闪烁，营造一种波光粼粼的氛围。

3. 人与图像的交互

人与图像的交互较为明显。每一个手臂的摆动都对应着不同的图形，所以当人在交互时候可以明显感受到图像的变化。

4. 软硬件间的衔接

因为这个装置主要用到两个软件和一个插件。这个插件仅支持 Kinect v1。由于是三者间的交互，所以必须用两个 Kinect：其中一个用于人与音乐交互，另一个用于人与图像。所以在设备调试方面，遇到了许多的困难。

另外，在思考如何将人体控制的实时音乐，去实时控制图像，也下足了功夫。最终通过联网的方式实时输入 / 输出，让图像的闪烁程度也根据人的肢体控制。

195

■■■— **作品分类** —■■■

大　　类：数媒设计动漫游戏组　　　　**小　　类**：动画

获得奖项：一等奖

参赛学校：浙江传媒学院

作　　者：江　毅　马春鑫

指导教师：柳执一

■■■— **作品简介** —■■■

　　该作品主要运用 Photoshop、After Effects 等动画软件制作。作品讲述了人类在各个领域受益于动物，而最后却侵占其家园甚至夺走其生命的故事。本片以5个部分相连，每个部分各有各的标题，它们一步步地加深对主题的强调，引起人们的反思。画风上简洁清新，内容上幽默讽刺，形成强烈对比。构图上更是大胆，在全片采用了圆形构图，充分利用画外空间，有效吸引了人们的注意力。这些特点在中国动画产业上是非常少见的，在学生动画类作品中更是微乎其微，所以，此动画具有很强的竞争力。

■■■— **安装说明** —■■■

　　在媒体播放器中播放即可。

■■■— **演示效果** —■■■

■ 设 计 思 路 ■

1. 确立主题

人类和动物共处的方式一直是世界所关注和探讨的，世界上也不乏有各种保护动物的国际化的公益组织，但是人类对动物生存空间的掠夺和对动物生命的侵害却屡禁不止。对于动物的保护并不是等到濒临灭绝时让物种在动物园延续，这种去除野性隔着玻璃的共处方式不是人们所期望的。

千百万年以来，动物一直激发着人类无穷无尽的想象，仿生学带来科技之光，根据动物设计的商标简洁而有内涵，动物独特的外貌成为时尚的一种表现方式。然而，人们从动物身上获得这一切后并不像热爱这些产品一样热爱动物，甚至危害它们的生命，剥夺它们的自由。由此确立了本片主题，就是人类受益于动物而又危害它们的生存。

2. 表现形式

为了进一步的深化主题，本片的表现形式选择用插画的风格展现，插画的画风清新简洁本身带有一种童趣，能给人比较平静的感觉。对于主题的表现形式，作者不想让它只一味地表现人和动物的冲突，用血腥或者冲击力很强的画面和镜头来影响人，相反想采用比较冷静的方式、更加客观的角度来看目前人和动物之间的矛盾和关系。避免血腥或者过于表现性的画面出现，力求在平静、清新的画面下更加突出动物的无助和人类带来的种种威胁。

画面构图采用圆形构图，突出想表现的内容，把注意力集中在动物身上，并且利用对画外空间想象体现人类和动物之间的关系。另外，被遮挡住的视野也代表了这只是事件的一部分，画外还有更多这样的事情在上演。

3. 内容确立

画面内容上作者选择了一些被常用于各种标识和产品设计的动物，和一些常出现在服装设计的动物，以及野性被人类大幅度削减的野生动物来作为表现对象，为它们设计一些小情节，分成几个小段，并为每一段命名，配合清新的画风命名简洁而讽刺。分别为"初次见面""笑对鲸生""工作狂""新装""静静地看着你"，通过这几段囊括动物激发人类想象的几种方式和它们最终的下场，来展现人类现在是如何和动物共处的。情节上通过标题的配合给动物赋予人性，并将动物的行为对应成为人类社会的行为，使动物的形象更生动，它们的处境更能引起人的反思和担忧。

4. 人设与场景设计

为了凸显动物在与人类抗衡的过程中是处于严重的弱势方，对于动物形象的设计上更多展现的是动物的温和与活泼，适当将动物拟人化处理，赋予天真的表情和友好，与人类的所作所为做对比。所以，在动物设计上参考了许多优秀插画作品，同时也兼顾动物元素在生活中的运用，以提醒人们平时身边常用的这些产品的标识可能是人们所熟悉的，但就是这些常见的形象都被忽略掉，不要让今后动物的形象只能在一些商品的标志上才能看到。场景上丰富富有层次感，除了还原动物所生存环境最原始美好的场景以外，配合圆形构图方式充分利用画外空间给人以联想。

5. 制作方式

运用 Photoshop、TVPaint、Flash、After Effects 等软件制作，除了利用基本的动画制作方式以外，利用合成软件设计每一个段落的转场和标题的出现，使动画整体更加连贯，也增加一些趣味性，在短暂的时间里一直吸引观众的注意。戏剧化的小情节和黑色幽默的标题能让观众在趣味中看完作品并冷静反思。因为各个段落内容较短，切镜容易造成混乱的感觉，所以每个段落的处理方式都是一镜到底。圆形构图和场景设计以及声音的提示能在正确的时间集中观众的注意力于想要表现的内容上，一镜到底的形式也增强的客观性，这个角度的冷漠感也会在一定程度上引发观众的思考。

■■■─设计重点难点─■■■

1. 设计重点

利用人们日常所能见到的动物形象来设计角色，通过这种方式引发观众的同情和思考。形象设计上尽量展现动物温和、更接近人性的一面，对于动物的选择涵盖尽量广泛并具有代表性。在情节设计上有大胆想象的内容，使得动物象形更加丰满和接近人性。动物的行为更多地展现友好给人亲近的感觉，之后才会有动物命运给观众带来的反思。

画面构图利用圆形不仅仅是因为美观，也是想在短暂的时间内尽可能地吸引观众的注意力，把观众关注的内容汇聚到最想表现的地方，这就需要场景设计的配合和角色运动过程设计共同实现，适当地打破画内画外关系和利用画外空间使动画更加丰富。利用段落标题的转场把画幅恢复到正常状态，使观众注意力能稍稍分散，不然会觉得乏味。

主题突出，体现人类受益于动物但是却又危害它们的生存，一边用动物的形象和对动物的研究和观察来发展人类科技、艺术和商品，这看起来是人类很热爱这些动物，甚至把很多动物形象作为吉祥物。但同时又对动物捕杀，破坏它们赖以生存的家园，剥夺它们的自由甚至残忍对待。要充分体现人类对动物两种态度的矛盾和动物下场的惨淡，让人们反思究竟应该以何种方式与动物共处。

2. 设计难点

整部动画力求能够以一个冷静的态度展现对动物的同情和人类行为的讽刺。在某种程度上很难达到一些激烈镜头和画面带给观众的冲击力和吸引力。所以，最大的难点在于如何一直抓住观众的注意力，使其没有强烈视觉上的刺激下也能够理解表达的主题并产生反思。

圆形构图既是全片的一个亮点也是一个弊端，它所抛弃掉的画面带走了很多可以添加的细节和层次，如何做到画内画外空间的交互，充分利用画外空间给观众带来的联想也是一个难点。

作品分类

大　类：计算机音乐（普通组）（国赛用）　　**小　类**：原创歌曲

获得奖项：一等奖

参赛学校：浙江传媒学院

作　者：仪入元　孟晋羽

指导教师：唐佳丽

作品简介

　　本作品的设计在于对曲目主题——希望的表达，能够更好地体现出曲子的整体价值。这个作品的曲式仿照 Two Steps From Hell 的作品，自己进一步创作、研究和创新的作品。本作品使用 Logic Pro X 10.3.1 创作，其关键技术是：一些音色通过自主编写的 JavaScript 脚本代码来触发音色合成器的 MIDI 自动化效果，从而得到比较独特的代入感。总体来说，这是一个通过代码尝试的创新型作品。

安装说明

　　本作品按照要求已导出 16 bit 44 100 Hz 的 .wav 文件，使用普通的播放器即可打开。

演示效果

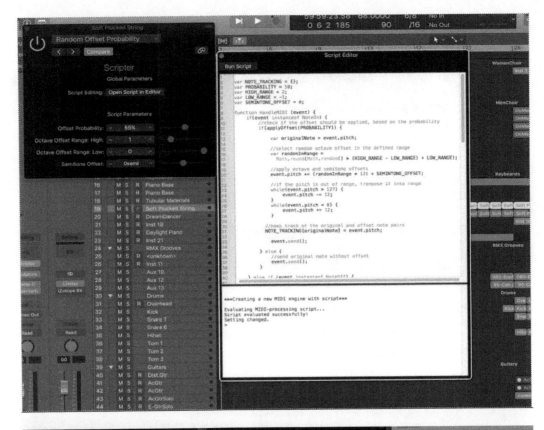

━ 设 计 思 路 ━

1. 音乐工程主要参数

（1）主要参数：

① 宿主：Logic Pro X 10.3.1。

② 声卡：Roland Quad-Capture UA-55。

③ MIDI 键盘：Roland A-49。

④ 监听耳机：AKG K-77。

⑤ 录制设备：Roland VP-7 人声合成器（内附麦克风）。

（2）使用到的第三方资源（除 Logic 自带的插件资源和音源资源外）：

① 软件乐器类：MusicLab RealGuitar 3、Spectrasonics Stylus RMX、NI Kontakt 5、KORG WaveStation、Toontrack EZDrummer、Spectrasonics Omnisphere 2(Trillian)、MusicLab RealRick 2、u-he Zebra2。

② 采样音源类：NI The Grandeur、8Dio Free Angels、Spitfire Audio Albion I、Soundiron Venus、Best Service Shevannai、8Dio Songwriting Guitar、Nine Volt Audio TAIKO 2、Ilya Efimov Acoustic Guitar、Sample Logic Morphestra 2、8Dio Liberis、NI Action Strings。

③ 音频 FX 和效果器：Waves v9.6。

2. 创作历程

本作品的创作源于 Two Steps From Hell 的 *Memories*（专辑 *Dreams and Imaginations*），这个曲子的曲式非常简单，而且很好上手，适合去平常练习。这个曲子的结构和往常听到的不一样，因为整张专辑都是以影视配乐为主，而且部分曲子还可以在原来作品的基础上再覆盖一层旋律，成为一个新作品。所以，作者打算拿这个曲子作为平时练习临摹用。

这个作品的旋律和 *Memories* 相对比较像，但是还是有一定区别的。开头的设计是一大难点，当一个旋律进行往复反复时，随着反复次数的增加会让这个曲子变得十分乏味，而且没有什么新意。作者一直考虑如何解决该问题。

后来一个学期，作者所在的专业学习了网页设计课，这门课里面有一部分讲了 JavaScript 脚本语言的知识，作者突发奇想，能不能将脚本加入音乐里面呢？经过实践得知，这个方案是可行的。

在 Logic Pro X 中，有一个新功能组 MIDI FX。这个功能组提供了一些 MIDI 自动化工具，通过合成器来实现在音符触发的时候的不同音符组合。在这个功能下，有一个 MIDI 自动化插件 Scripter。这个插件再具有一定开发能力的基础上可以结合使用。它的作用是，根据 Logic Pro X 里面提供的 API，使用 JavaScript 代码来实现一些自己想要的功能。

通过调用 Logic Pro X 自带的实例样本来实现的 MIDI 自动化功能（自己做过修改）。实现绘制一个自定义插件的交互组件，然后通过对组件的控制，从而调整随机触发的音符的范围和随机可能性百分比（即 Offset 的相关功能）。这个功能所产生的效果正好和自己的想法相符。在一定可控范围内，实现在音符不变和随机性可控的情况下来实现 MIDI 事件的变化。这个新技术用于曲子的开头部分并贯穿始终。

接下来说说这个曲子的创作过程。

这个曲子的前奏部分是由两个相同合成器音色（自带的 Sculpture 插件）所产生、由外挂写好的 JavaScript 脚本来实现。除此之外，为了不让这个合成器音色听起来过于单调，另外附加了一个 8Dio Free Angels 的一个合成器采样音色（通过 Kontakt 采样器加载），同时还加了一个 pad，使用 KORG WaveStation 创作。

下一步，这个曲子的人声分两部分，一部分是女声合唱，另一部分是男生合唱。女声合唱部分，作者使用了 Soundiron Venus 音源和 8Dio Liberis 童声合唱，另外加了一个 Best Service Shevannai 的女声领唱。男声部分是作者自己使用设备录制的。在录制的过程中为了防止跑音，添加了 PitchCorrection 插件对人声录制进行设置，并获得了可观的效果。

接下来，对于钢琴部分，作者使用了两个苹果自带的钢琴音色（EXS24 用于钢琴铺垫和 Sculpture 用于钢琴渲染）和 Sample Logic Morphestra 2（用于钢琴渲染）。钢琴部分是作者自己弹进去的。其他合成器，除了使用 JavaScript 脚本实现的 Dream Dancer（ES2 乐器）之外，还使用了 8Dio Free Angels 音色进行辅助。吉他部分使用了 RealRick 作为为这首乐曲的间奏部分的 solo（听着比较像），然后使用 RealGuitar 实现这首乐曲的吉他扫弦，使用 8Dio Songwriter Guitar 制作这首曲子的失真吉他部分。贝斯部分使用的是 Spectrasonics Omnisphere 2 外挂 Trillian 音源制作。架子鼓部分使用的是 Toontrack 的 EZDrummer。

这首曲子的结构比较有意思，它的结构大致是这样的：前奏 – A1 – A2 – B1 – B2 – 尾声，这样的设计相对于人们通常听到的音乐而言，简单利落而不失精彩。

和那首 *Memories* 一样，作者也考虑加入了歌词，虽然由于时间有限并没有将其加入到歌曲中，但也会在将来和这首曲子相融合。歌词由第二作者编写。

　　总的来说，这首曲子是一个在制作上比较新颖的作品，能够把这首曲子所表达的意思表达出来，和主题相对应。

■■—设 计 重 点 难 点—■■

　　本作品的设计重点和难点在于对背景旋律的设计和制作。背景旋律作者采用了 VIsus4 和 VIsus4/7 的分解，奠定了整首乐曲的基调。但这不是重点，重点是，为了能够解决大量重复导致整首曲子的单调，调用了 Logic Pro X 的 MIDI FX 插件里面的 Scripter，挂载 JavaScript 脚本并进行修改实现所需要的功能。

■─ **作品分类** ─■

大　类：软件服务外包（国赛用）　　　　**小　类**：物联网应用
获得奖项：一等奖
参赛学校：中国人民大学
作　者：杨文清　宗巍阳　盛天阳　龙辉洋　胡玳豪
指导教师：焦　敏　周小明

■─ **作品简介** ─■

　　云叶科技团队立足于为同学们提供全天候、便利优质的打印服务，推出了云叶自助打印终端机，为广大师生提供了便利打印解决方案。通过整合线上、线下的打印服务，云叶打印终端机可以很好地解决现存传统打印店无法避免的，诸如营业时间短、易错拿、打印质量低、排队慢等问题。

　　云叶自助打印终端机主要可以解决如下问题：① 24 小时自助打印，随时想打就打。②一人一单，有序取件，资料保密从此无忧。③物联监控，专人维护，为打印质量保驾护航。④线上编辑，云端存储，大大提高打印效率。

■─ **安装说明** ─■

　　打印机分为两部分：终端机和服务器。终端机基于 Windows 操作系统开发了一个用户界面软件，用于用户使用打印功能。服务器用于用户文件的存储和支付功能信息的传输。

■─ **演示效果** ─■

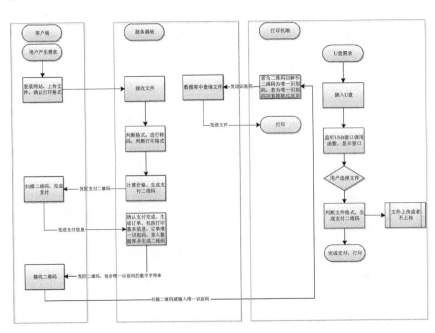

■■■━ 设 计 思 路 ━■■■

通过 U 盘打印和上网打印两种文件传输方式，分别进行设计：

（1）U 盘打印主要是用户将 U 盘插入终端机，并进行打印设置后打印。

（2）上网打印主要是用户登录网站，上传自己的打印文件，随后自行前往终端机进行打印。

围绕这两条路线展开本作品的设计。

■■■━ 设 计 重 点 难 点 ━■■■

（1）U 盘文件的读取机制。要准确地读取用户的打印文件。

（2）用户界面的设计。提供友好的用户界面，操作简便。

（3）打印设置。正确处理 Word 等文件，避免出现乱码。

（4）支付模块。通过支付宝和微信的 API 进行用户支付。

（5）网站设计。突显核心功能，提供友好的界面。

■■■—作品分类—■■■

大　　类：计算机音乐（专业组）（国赛用）　　　　**小　　类**：视频音乐
获得奖项：一等奖
参赛学校：中国传媒大学
作　　者：盛聪尔
指导教师：王　铉

■■■—作品简介—■■■

　　本作品是一次实验性的纯人声电子创作，所有声音均由人声制作。运用各类电声效果器将人声处理称为近似电子音色但又带有人声原本性质的结果，将这些结果按照 EDM 的编曲形式展开创作，将人声化为灵活多样的电子合成器，表达出人声拥有无限可能的创作理念，达到口无遮拦。

　　视频则利用绿幕抠像特效的方式，将实际人声录制的各个音色轨道化为具体表演画面。每个人物即代表一个声部，音乐中的处理效果也通过视频特效加以表现并加强，用画面告诉听众人声也可以如此表达。

■■■—安装说明—■■■

　　在媒体播放器中播放即可。

■■■—演示效果—■■■

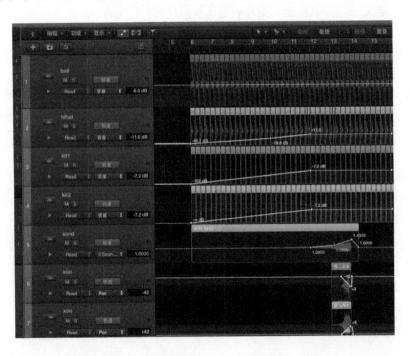

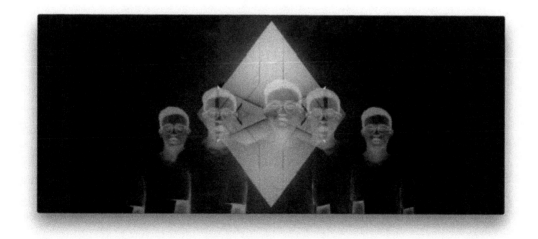

■■ 设 计 思 路 ■■

　　作者在创作此作品之前已经尝试了许多以电子阿卡贝拉为表演形式的歌曲翻唱（即以人声模仿乐器声音，分轨录制歌曲所有乐器声部的歌曲表演），而之前的尝试都局限在传统阿卡贝拉创作思路中，同时还受到表演歌曲的编曲限制：人声音域局限、演唱方法局限、音色局限等。本次创作此原创的电子阿卡贝拉作品时，期望从音色、音域、演唱效果等多方面突破传统的声音界限，放弃"原始人声"的原声阿卡贝拉而转向"纯粹人声"的电子阿卡贝拉，用人声实验性地创造新声音，尝试打破原有的阿卡贝拉编曲思路，以"口无遮拦"的理念结合视频特效呈现出不一样的音乐形式。

■■ 设 计 重 点 难 点 ■■

　　1. 设计重点

人声电子处理后的整体频率分布和音色设计。

　　2. 设计难点

听觉转化视觉效果传达的转化率和艺术性。